PUBLICATION DE LA STATION AGRONOMIQUE DE L'EST

LES

ENGRAIS INDUSTRIELS

ET LE CONTROLE

DES STATIONS AGRONOMIQUES

PAR

L. GRANDEAU

DIRECTEUR DE LA STATION AGRONOMIQUE DE L'EST

Professeur à l'École forestière et à la Faculté des sciences

Président de la Société centrale d'agriculture de Meurthe-et-Moselle et du Comice agricole de Nancy

Membre du Conseil d'hygiène et de salubrité du département de Meurthe-et-Moselle

Membre du Conseil de la Société des agriculteurs de France, de la Société royale d'agriculture d'Angleterre, etc., etc.

(Extrait des ANNALES de la Société centrale d'agriculture de Meurthe-et-Moselle.)

BERGER-LEVRAULT & Cie, ÉDITEURS

PARIS, 5, RUE DES BEAUX-ARTS | NANCY, RUE JEAN-LAMOUR, 11

PARIS

LIBRAIRIE AGRICOLE DE LA MAISON RUSTIQUE

26, RUE JACOB, 26

1873

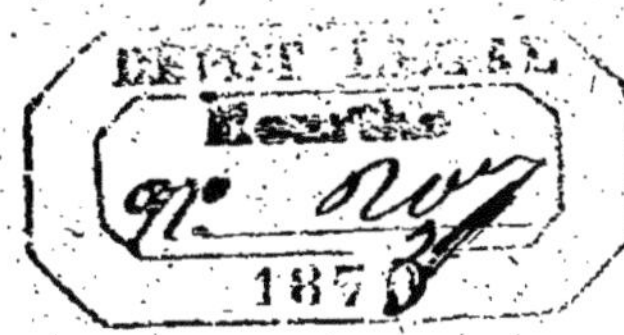

LES ENGRAIS INDUSTRIELS

ET LE

CONTROLE DES STATIONS AGRONOMIQUES

NANCY, IMPRIMERIE BERGER-LEVRAULT ET Cie.

PUBLICATION DE LA STATION AGRONOMIQUE DE L'EST

LES

ENGRAIS INDUSTRIELS

ET LE CONTROLE

DES STATIONS AGRONOMIQUES

PAR

L. GRANDEAU

DIRECTEUR DE LA STATION AGRONOMIQUE DE L'EST
Professeur à l'École forestière et à la Faculté des sciences
Président de la Société centrale d'agriculture de Meurthe-et-Moselle et du Comice agricole de Nancy
Membre du Conseil d'hygiène et de salubrité du département de Meurthe-et-Moselle
Membre du Conseil de la Société des agriculteurs de France, de la Société royale d'agriculture d'Angleterre, etc., etc

(*Extrait des* ANNALES *de la Société centrale d'agriculture de Meurthe-et-Moselle.*)

BERGER-LEVRAULT & Cie, ÉDITEURS

PARIS
5, RUE DES BEAUX-ARTS

NANCY
RUE JEAN-LAMOUR, 11

PARIS
LIBRAIRIE AGRICOLE DE LA MAISON RUSTIQUE
26, RUE JACOB, 26

1873

INDEX.

Pages.

EXTRAIT DU PROCÈS-VERBAL

DE LA SÉANCE DU 6 MAI 1873

DE LA SOCIÉTÉ CENTRALE D'AGRICULTURE

DE MEURTHE-ET-MOSELLE.

« Après avoir entendu la communication de M. L. Grandeau sur les engrais industriels et leur contrôle par les stations agronomiques, et comme conclusion de la discussion qui a suivi cette communication, la Société prend, à l'unanimité, la décision suivante :

« ...Convaincue que le principe de la vente sur titre garanti (azote, acide phosphorique et potasse) des engrais industriels, doit être admis d'une façon absolue par les cultivateurs et par les fabricants honnêtes ;

« Que les fabricants d'engrais peu scrupuleux ou fraudeurs sont seuls intéressés à voir se perpétuer le système de la vente sans garantie ;

« Voulant, dans la mesure de son influence, apporter son concours au principe du contrôle organisé dans la région par la station agronomique de l'Est, et favoriser la vente des engrais contrôlés et vendus exclusivement sur titre :

« La Société centrale d'agriculture de Meurthe-et-Moselle s'engage à patronner, par les moyens dont elle dispose, les engrais contrôlés ou vendus sur la base de leur richesse réelle en azote, acide phosphorique et potasse.

« Elle publiera régulièrement dans ses Annales le nom et la

composition des engrais appartenant à cette catégorie, en faisant connaître la provenance de l'engrais et le nom du fabricant. »

Pour copie conforme :

Le Secrétaire, F. FRAISSE.

Il serait à désirer que chacune des associations agricoles de notre pays suivît l'exemple donné par la Société centrale de Meurthe-et-Moselle : s'il en était ainsi, nous verrions bientôt disparaître la fraude en matière d'engrais, les cultivateurs de chacune des régions de la France se trouvant par là éclairés sur l'honorabilité des négociants qui viennent leur proposer des matières fertilisantes. On constituerait de la sorte une espèce de livre d'or des fabricants d'engrais ; cette mesure, en se généralisant, exercerait, il n'en faut pas douter, une influence bien plus grande que toutes les lois répressives de la fraude. En cela, comme en bien des choses, mieux vaut prévenir que réprimer.

C'est dans le but d'aider à ce mouvement de propagande en faveur des engrais contrôlés que je réunis dans cet opuscule la communication que j'ai faite à la Société d'agriculture de Nancy et les articles publiés récemment dans le *Journal d'agriculture pratique.*

L. GRANDEAU.

10 juillet 1873.

LES ENGRAIS INDUSTRIELS

ET LE

CONTROLE DES STATIONS AGRONOMIQUES

I. — Généralités. — Loi de 1867.

En présence de la consommation chaque jour croissante des engrais industriels, du prix élevé de l'azote et de l'acide phosphorique livrés à l'agriculture par l'industrie, des fraudes nombreuses auxquelles donne lieu le commerce des matières fertilisantes, du charlatanisme éhonté de certains fabricants et de l'insuffisance des dispositions légales, je crois rendre service aux agriculteurs en leur faisant connaître l'étendue du préjudice que leur cause l'état actuel du commerce des engrais, et les moyens aussi faciles que sûrs de mettre fin à un état de choses préjudiciable à la fois aux cultivateurs et aux fabricants honnêtes.

Depuis 1868, époque à laquelle j'ai fondé la Station agronomique de l'Est et organisé dans la région le *Contrôle des engrais*, j'ai été à même d'acquérir une certaine expérience; j'ai eu l'occasion d'analyser un très-grand nombre de matières fertilisantes ou vendues comme telles. J'ai pu me convaincre qu'il est grand temps de mettre un terme aux tromperies parfois incroyables de certains négociants, et, pour me servir d'une expression qui rende toute ma pensée, de moraliser le commerce des engrais. Une expérience de cinq années m'a montré combien est efficace le système du *contrôle* sur lequel j'insisterai plus loin en l'opposant aux résultats négatifs de la loi sur la répression de la fraude en matière d'engrais.

La vaste enquête de 1864, qui contient beaucoup de documents fort intéressants à consulter, a abouti, pour principal résultat, à la promulgation d'une loi punissant d'une amende de 50 francs à 1,000 francs et d'un emprisonnement d'un mois à deux ans, suivant les cas, tout fabricant ou vendeur d'engrais falsifié, altéré ou faussement désigné quant à son origine ou à sa composition. Cette loi est demeurée lettre morte ou peu s'en faut. Pouvait-il en être autrement? On est amené à en douter pour peu qu'on réfléchisse aux difficultés et parfois aux impossibilités que doit rencontrer son application.

S'agit-il d'agriculteurs intelligents et disposant d'un capital d'exploitation relativement considérable, la loi n'aura presque jamais lieu d'être appliquée. En effet, le grand propriétaire ou le riche fermier, assez instruits de leurs propres intérêts pour consacrer chaque année une somme importante à l'achat d'engrais industriels, s'adressent d'ordinaire à des fournisseurs honnêtes ou achètent les matières premières destinées à fertiliser la terre et n'ont presque jamais à redouter la fraude. S'ils ont des doutes sur les livraisons qui leur sont faites, ils achètent sur titre garanti, font analyser l'échantillon que leur remet le vendeur et exigent une livraison conforme au type analysé. Il y a encore aujourd'hui assez de fabricants honnêtes pour que l'agriculteur intelligent et décidé à faire des acquisitions importantes d'engrais se voie très-rarement dans la nécessité de porter plainte devant les tribunaux à l'endroit de ses acquisitions.

Il en est tout autrement du petit cultivateur en butte chaque jour aux obsessions de marchands plus ou moins scrupuleux, lui vantant avec insistance les vertus merveilleuses de leurs poudres et finissant d'ordinaire par lui faire acheter, au double ou au triple de leur valeur réelle, un ou deux sacs de mélanges de terre ou de sable avec quelques centièmes d'acide phosphorique ou de sulfate d'ammoniaque. Cette catégorie d'acheteurs, la plus nombreuse de toutes, est la proie de tous les coureurs de campagne ; trompée par l'un, elle se laisse séduire par l'autre et finit de guerre lasse par renoncer à tout achat d'engrais industriel, et, ce qui pis est, demeure convaincue qu'il n'y en a pas de bon et qu'il faut s'abstenir complétement d'en employer.

Vendre à bon marché est un élément puissant de succès pour les industriels qui s'adressent à cette classe d'acheteurs ; vendre loyalement et fournir des engrais non falsifiés leur importe moins ; ils savent que le champ de leurs opérations est vaste et le bénéfice tel, que la vente de quelques milliers de sacs par année procure un revenu égal à celle de quelques milliers de tonnes pour une grande maison qui se respecte.

Voilà, me dira-t-on, les acheteurs que protége la loi ; qu'ils portent plainte s'ils sont aussi effrontément trompés que vous l'affirmez : les tribunaux feront prompte et bonne justice. Loin de moi la pensée d'en douter, mais porter plainte, entamer un procès qui va nécessiter une expertise, des analyses, constitution d'un avoué, choix d'un avocat, n'est-ce pas entrer dans une voie bien onéreuse? La plupart du temps il s'agit de cent ou deux cents kilogrammes d'engrais : admettons que cet engrais valant, d'après sa composition, 10 fr. seulement les 100 kilogrammes, ait été vendu 30 fr. ;

pour rentrer dans la somme indûment perçue par le vendeur, l'acquéreur n'aura-t-il pas 50, 60, 100 fr. de frais? Cette considération seule suffit à arrêter la plupart des cultivateurs, j'en ai souvent reçu l'aveu de leur bouche.

Soit pour ces motifs, soit pour d'autres, la loi de 1867 ne reçoit que de très-rares applications; en tout cas, elle a été jusqu'ici impuissante à réprimer les fraudes et les falsifications qui n'ont, que je sache du moins, dépassé en aucun temps les proportions que l'on constate aujourd'hui.

Au lieu de se borner à demander à l'État, comme l'ont fait les déposants de l'enquête, de réprimer les abus par la voie des tribunaux, les intéressés eussent bien mieux fait de suivre l'exemple des pays voisins et de constituer, par association, des stations agronomiques et des laboratoires d'essais chargés de contrôler les engrais et d'analyser les matières offertes par le commerce. Là est, comme j'espère le démontrer plus loin, la solution véritable, efficace et presque unique d'une question dont l'importance pour l'agriculture pratique ne fait doute pour personne. L'initiative privée prenant en main la défense des intérêts de tous les cultivateurs, aboutirait à des résultats plus prompts et plus complets qu'aucune loi ne le pourrait faire.

Éclairer l'agriculteur sur la valeur réelle de chacune des matières fertilisantes que lui offre l'industrie, lui fournir les moyens de faire constater, à peu de frais, la richesse des engrais qu'on lui propose, le garantir par le contrôle et par la vente sur titre, des tromperies dont il est si souvent la dupe, tel est, à mon avis, l'un des rôles les plus utiles des stations agronomiques.

En provoquant, lors de la dernière assemblée générale de la Société des agriculteurs de France, la nomination d'une commission chargée d'étudier les voies et moyens propres à propager dans toute la France le système du contrôle que j'ai introduit dans l'Est, j'ai eu surtout en vue les intérêts de la petite culture. Faire cesser la fraude, mettre à l'index les négociants malhonnêtes qui, abusant de l'ignorance du plus grand nombre en chimie agricole, jettent de la défaveur sur les engrais industriels par suite des tromperies auxquelles ils se livrent, tel est le résultat qu'atteignent rapidement les stations agronomiques dans les régions où s'exerce leur sphère d'action.

Après ce préambule, que j'ai jugé utile pour bien préciser le terrain sur lequel je veux me placer, entrons dans le vif de la question et voyons, preuves en main, comment les choses se passent, à quelle nature de fraudes l'agriculteur a affaire et dans quelle limite ses intérêts sont lésés.

— Les engrais industriels.

En dehors du fumier de ferme, qui reste et restera toujours l'engrais par excellence, quoi qu'en puissent dire quelques esprits faux et absolus, l'agriculture doit demander à l'industrie certains principes nutritifs dont l'exportation régulière par l'enlèvement des récoltes appauvrit chaque année le sol. On peut, on le sait, à part quelques rares exceptions, réduire à trois les substances qu'il nous faut importer du dehors dans nos exploitations pour augmenter les rendements ou seulement même maintenir la fertilité du sol. Ces principes nutritifs par excellence sont : l'azote, l'acide phosphorique et la potasse. Tous les engrais industriels, quelle qu'en soit l'origine, tirent leur efficacité de la présence de l'une ou de toutes ces substances, et leur valeur vénale peut s'établir presque exclusivement d'après leur richesse en chacun de ces principes. Le rapport entre l'offre et la demande règle, comme pour tout produit commercial, le prix de ces matières, qu'on peut, en ce moment, classer dans l'ordre suivant, d'après leur valeur vénale : azote, acide phosphorique et potasse, le premier valant, comme nous le verrons tout à l'heure, de 2 fr. 25 c. à 3 fr. le kilog ; le second de 40 c. à 1 fr. 25 c.; la potasse enfin, de 60 c. à 80 c., suivant leur état de combinaison. Laissant de côté, pour l'instant, les mélanges de divers engrais, dont quelques-uns donnent d'excellents résultats, examinons d'abord les formes les plus simples sous lesquelles l'industrie offre à l'agriculture les trois principes fertilisants par excellence : azote, acide phosphorique, potasse. Lorsque nous aurons établi leur valeur réelle comparée à leur prix de vente, suivant les cas, nous reviendrons aux mélanges et nous insisterons sur quelques-uns d'entre eux.

Azote. — L'azote se trouve dans les engrais sous deux états chimiques distincts : à l'état immédiatement soluble et qu'on a coutume de considérer comme plus favorable à l'assimilation, dans le sulfate d'ammoniaque, dans le salpêtre du Chili et dans le nitrate de potasse, par exemple ; à l'état insoluble, en combinaison intime avec le charbon et l'eau dans toutes les matières azotées d'origine animale, chair et sang desséchés, laine, corne, cuir, poudre d'os, etc. Partant de ce point de vue, que je ne discute pas et ne fais que constater, que sous la forme soluble l'azote a une plus grande valeur agricole que l'azote insoluble, on admet généralement que l'azote insoluble vaut en argent les 5/6 environ du prix de l'azote soluble. C'est-à-dire que l'azote du sulfate d'ammoniaque coûtant, par exemple, 3 fr. le kil., l'azote de la poudre d'os ou du sang desséché vaudra 2 fr. 50 c. le kil. Sans attribuer une valeur absolue aux chiffres que j'indique, je les prendrai comme point de départ de tous les calculs suivants.

Acide phosphorique. — Comme l'azote, l'acide phosphorique s'offre à l'agriculture sous deux formes : l'une soluble, dans les superphosphates d'os ou de coprolithes, les guanos traités par l'acide sulfurique, etc. ; l'autre insoluble, poudre d'os, guano brut, phosphates de chaux naturels, etc. De même que pour l'azote, on attribue à ces deux acides phosphoriques une valeur différente, et je leur assignerai, par conséquent, dans mes calculs ultérieurs, les prix suivants : acide phosphorique insoluble, 80 c.; acide soluble, 1 fr. 25 c. (1).

Je parlerai plus loin du prix des phosphates d'origine minérale.

Potasse. — C'est presque exclusivement sous forme de sels solubles que la potasse est aujourd'hui employée en agriculture. Les gisements de Stassfurt, l'extraction de la potasse des eaux de la Méditerranée mettent, à assez bon marché, cette importante matière à la disposition des agriculteurs, pour qu'à de rares exceptions près, ils n'aient guère recours qu'aux chlorures et aux sulfates pour engraisser leurs terres. Il n'y a donc lieu de fixer de prix que pour la potasse soluble, quant à présent du moins. Ce prix oscille entre 70 et 80 c. par kilog., suivant le point où l'on emploie les sels de Stassfurt ou les salins du Midi. C'est celui que j'adopterai.

Les matières industrielles qui peuvent fournir à nos sols l'azote, l'acide phosphorique et la potasse, conjointement avec le fumier de ferme, peuvent se grouper en diverses catégories basées sur la présence ou l'absence de l'un des trois principes, sous les formes solubles ou insolubles, que je viens d'indiquer. Cette classification n'a rien d'absolu, mais elle en vaut une autre et me permettra d'examiner méthodiquement les principaux engrais demandés à l'industrie.

(1) Je ne veux pas discuter ici la valeur relative des superphosphates et des phosphates précipités en poudre très-ténue : je me propose de faire connaître bientôt les résultats d'expériences directes sur la fixation de cette valeur.

Voici la liste des principales matières fertilisantes dont il nous importe de bien établir la valeur vénale :

I. — Engrais azotés.

1° *Azote à l'état insoluble.*

	Éléments à doser et servant à fixer le prix de l'engrais.
1. Débris de chair desséchés. 2. Sang desséché. 3. Déchets de laine, de drap. 4. Déchets de corne, de cuirs.	Azote à l'état insoluble.

2° *Azote à l'état soluble.*

5. Sulfate d'ammoniaque. 6. Nitrate de potasse. 7. Nitrate de soude.	Azote à l'état soluble et potasse dans le salpêtre.

II. — Engrais phosphatés.

1° *Acide phosphorique à l'état insoluble.*

8. Phosphorites ou coprolithes. 9. Phosphate précipité. 10. Cendre d'os.	Acide phosphorique insoluble.

2° *Acide phosphorique soluble et insoluble.*

11. Superphosphates minéraux. 12. Superphosphates de noir d'os.	Acide phosphorique soluble et insoluble.

III. — Engrais phosphatés et azotés.

13. Poudre d'os. 14. Poudrette. 15. Superphosphates azotés. 16. Guanos bruts. 17. Guanos traités par l'acide sulfurique. 18. Phospho-guano. 19. Noir de raffinerie.	Acide phosphorique insoluble. Acide phosphorique soluble. Azote insoluble. Azote soluble.

IV. — Engrais phosphatés et potassés.

20. Cendres de bois. 21. Cendres de tourbe. 22. Cendres de houille.	Acide phosphorique insoluble. Potasse.

V. — Engrais potassiques.

23. Chlorure de potassium. 24. Sulfate de potasse et de magnésie. 25. Nitrate de potasse. 26. Salins de betterave. 27. Carbonate de potasse (potasse brute).	Potasse.

Je vais passer rapidement en revue ces divers engrais en indiquant pour chacun d'eux, tant d'après les nombreuses recherches faites à la Station agronomique de l'Est, qu'en m'appuyant sur les analyses d'autres chimistes, la composition et les écarts de composition de chacun d'eux. Je crois utile, pour la clarté de la discussion à laquelle je me livrerai plus loin sur le contrôle des engrais, de mettre sous les yeux de mes lecteurs ces données préliminaires.

III. — Engrais azotés.

L'azote est un aliment indispensable pour les plantes comme pour les animaux. A l'état de gaz, tel que l'offre l'air atmosphérique, qui en renferme les 4/5 de son volume, l'azote n'est assimilé ni par les végétaux, ni par les animaux. Il ne devient un aliment pour ces derniers qu'à la condition d'avoir été transformé dans les tissus des plantes en composés divers présentant une constitution chimique analogue à celle de l'albumine. Les combinaisons minérales de l'azote, tels que les sels ammoniacaux, les nitrates, ne sont pas des aliments pour les animaux; les plantes, au contraire, y puisent exclusivement l'azote nécessaire à leur développement. Les matières azotées d'origine animale, enfouies dans le sol, se décomposent plus ou moins rapidement en ammoniaque ou en acide nitrique qui s'unit aux divers principes du sol.

Ceci bien établi, on voit qu'on peut donner l'azote aux plantes sous forme de sels ammoniacaux, de nitrates ou de matières organiques, destinées à se décomposer dans la terre. De là, l'importance très-grande pour l'agriculteur de ne perdre aucun débris provenant des animaux, excréments, urine, os, chair, corne, peau, etc. L'industrie recueille soigneusement aujourd'hui la plupart de ces détritus et les livre plus ou moins transformés à l'agriculture.

1 à 4. *Engrais contenant l'azote à l'état insoluble : débris de chair, sang desséché, déchets de laine, drap, cuir, corne.* — L'identité de composition chimique de ces diverses matières permet de les envisager toutes du même coup au point de vue agricole. Elles renferment, à l'état de pureté, 16 p. 100 de leur poids d'azote environ ; elles contiennent en outre un peu de potasse et d'acide phosphorique. Mais, par suite de leur mélange accidentel avec des substances étrangères exemptes d'azote, le taux de cet élément varie, suivant les cas, de 5 à 12 p. 100 du poids de la matière. L'azote, lorsque ces débris animaux n'ont pas subi de traitement par l'acide sulfurique, s'y trouve à l'état insoluble et vaut, par conséquent, 2 fr. 50 c. le kilog. D'après cela, l'agriculteur doit payer, suivant la richesse en azote de la matière qu'il achète, de 12 fr. 50 c. à 30 fr. les 100 kilog. le sang, les chairs desséchées, le cuir, la corne, etc.

2° *Engrais renfermant l'azote à l'état soluble : sulfate d'ammoniaque, nitrate de potasse, nitrate de soude.* — La distillation des matières organiques, os, corne, cuir, chair, etc., celle de la houille pour la fabrication du gaz, donnent naissance à de l'ammoniaque, qu'on recueille et qui, saturée par l'acide sulfurique, fournit l'engrais azoté le plus riche dont dispose l'agriculture. Pur, le sulfate d'ammoniaque renferme 21,21 p. 100 d'azote. Dans la pratique, le produit venant des usines à gaz ou à noir animal, contient de 19 à 21 d'azote, suivant le degré de perfection des appareils et des méthodes employés pour le recueillir. Dans le sulfate d'ammoniaque, tout l'azote est immédiatement assimilable ; il vaut 3 fr. le kilog.; les sulfates du commerce ont donc une valeur variant entre 54 et 63 fr. les 100 kilog., suivant leur titrage en azote. — Le nitrate de soude nous vient presque exclusivement du Nouveau-Monde et notamment du Chili; il n'est jamais complétement pur et sa teneur en azote varie généralement entre 13 et 15,5 p. 100. Sa valeur oscille donc entre 39 fr. et 46 fr. 50 c. les 100 kil. Son prix subit des variations dues à sa provenance, car nous sommes, comme je l'ai dit, tributaires du Nouveau-Monde, pour ce produit.

Le nitrate de potasse apporte à la fois au sol de l'azote et de la potasse ; sa valeur réside donc dans sa teneur en ces deux précieux aliments de la plante. Généralement le nitrate de potasse provient du traitement du nitrate de soude du Chili par le chlorure de potassium. Il est rendu plus ou moins impur par du sel marin résultant de sa préparation même. Il renferme généralement des quantités d'azote et de potasse, variant de 12 à 14 p. 100 pour l'azote et de 40 à 46 p. 100 pour la potasse. Il vaut, suivant les cas, de 68 à 80 fr. les 100 kilog., la potasse étant comptée à raison de 80 c. le kilog. et l'azote 3 fr., comme dans le sulfate d'ammoniaque et dans le salpêtre du Chili.

En résumé, les engrais auxquels nous pouvons nous adresser pour combler le déficit en azote de nos fumures en contiennent de 5 à 21 p. 100 et peuvent valoir de 12 fr. 50 c. à 80 fr.

Nous insisterons plus loin sur l'absolue nécessité où

se trouve l'agriculteur de n'acheter d'azote que sur analyse, s'il ne veut pas s'exposer à le payer au double et quelquefois au triple de sa valeur.

Examinons maintenant les engrais phosphatés.

IV. — Engrais phosphatés.

Le phosphore, élément absolument indispensable au développement de tout être vivant, plante ou animal, est un des corps les plus répandus dans la nature : tous les sols fertiles renferment de l'acide phosphorique en proportions qui varient de 0,02 à 1,00 pour 100 de leur poids. Les terres arables de qualité moyenne en contiennent d'ordinaire de 0,10 à 0,20 pour 100. Il existe dans le sol à l'état de phosphates de fer, de chaux et d'alumine. Presque aucune terre ne contient assez de phosphore pour suffire à plusieurs récoltes successives ; l'acide phosphorique est par conséquent l'une des matières dont la restitution au sol doit le plus préoccuper le cultivateur. Chacune de nos récoltes exporte de la ferme une quantité notable de phosphates destinés à constituer la charpente osseuse des animaux et celle de l'homme. Il ne suffirait pas de rendre au sol l'azote et la potasse contenus dans les récoltes, il faut lui rapporter aussi l'acide phosphorique. Cette matière est donc intéressante au premier chef pour l'agriculture, et son rôle nutritif important explique le prix élevé de son cours.

Parmi les engrais industriels phosphatés destinés à suppléer à l'insuffisance du fumier, les uns tirent toute leur valeur de l'acide phosphorique qu'ils renferment, tels que cendre d'os, noir d'os, phosphate d'os précipité, phosphates naturels, coprolithes, phosphorites et superphosphates minéraux ; les autres, doublement utiles, apportent en même temps de l'azote : ce sont, par exemple, les guanos bruts, la poudre d'os, la poudrette, les superphosphates d'os et de guano. Enfin les cendres des végétaux contiennent de l'acide phosphorique associé à des quantités variables de carbonate de potasse. Examinons successivement la valeur de ces différentes matières fertilisantes.

Il faut tout d'abord se rappeler que les phosphates livrés à l'agriculture renferment l'acide phosphorique sous des états de combinaison chimique différents. La valeur vénale des engrais phosphatés dépendant de l'état où s'y trouve l'acide phosphorique, il importe d'insister un moment sur ce point.

L'acide phosphorique forme avec la chaux trois combinaisons définies, dont deux surtout nous intéressent : 1° le phosphate tribasique de chaux ($PhO^5 3CaO$) ; 2° le phosphate neutre de chaux ($PhO^5 2CaOHO$); 3° le phosphate acide de chaux ($Pho^5 CaO2HO$), où l'eau est substituée à deux équivalents de chaux. Ce dernier seul est soluble dans l'eau pure : le phosphate tribasique est un peu soluble dans l'eau chargée d'acide carbonique. L'acide phosphorique peut être en outre associé à du fer : dans les engrais industriels, comme dans les sols, il est rare qu'une partie de l'acide phosphorique ne se trouve pas à l'état de phosphate de fer insoluble ($PhO^5 Fe^2 O^3$).

Le phosphate acide de chaux est connu dans le commerce sous le nom de superphosphate de chaux ; le phosphate tribasique sous le nom de phosphate de chaux ou phosphate précipité, suivant son origine, comme nous le verrons tout à l'heure. On admet généralement que l'acide phosphorique soluble, celui des superphosphates, est plus facilement assimilable par les plantes que l'acide du phosphate de chaux précipité; aussi sa valeur vénale est-elle sensiblement plus élevée. Ainsi, tandis que dans le phosphate précipité et dans le guano brut, l'acide phosphorique vaut 0 fr. 80 c. le kilog., on le paie 1 fr. 25 c. le kilog. dans les superphosphates et dans les guanos traités par l'acide sulfurique.

Au point de vue agricole, on ne peut plus se borner à tenir compte seulement de l'état de combinaison chimique de l'acide phosphorique; il y a lieu de distinguer, pour la forme insoluble, son origine et son état physique. Dans les phosphates naturels, coprolithes des Ardennes et phosphorites de Nassau, du Lot, etc., par exemple, l'acide phosphorique combiné, à l'état de phosphate tribasique, avec la chaux, est considéré comme beaucoup moins rapidement assimilable que l'acide phosphorique préalablement dissous par les acides, puis précipité chimiquement de nouveau à l'état de phosphate tribasique. Cette distinction, très-fondée au point de vue pratique, repose en grande partie sur ce que, quel que soit l'état de division mécanique auquel arrivent les phosphates naturels par la pulvérisation et l'égrugeage, on n'amène jamais, à beaucoup près, les particules de phosphate à un état de division comparable à celui que donne la précipitation chimique. Le phosphate *dit de retour*, c'est-à-dire celui qui, dans les superphosphates, redevient insoluble par le temps, se trouve dans un autre état de combinaison que le phosphate précipité chimiquement, il devient plus rapidement assimilable et on lui donne généralement la valeur du phosphate soluble; j'ai déjà eu l'occasion de le dire maintes fois, le contact du sol amène très-promptement l'acide phosphorique soluble à l'état de phosphate insoluble très-tenu. Je ferai connaître plus tard des expériences exécutées à la station agronomique de l'Est sur ce sujet et de nature à mettre ce fait hors de doute.

Il est incontestable que l'origine du phosphate tribasique a une grande importance pour l'agriculteur et qu'il devra le payer beaucoup moins cher dans les phosphates naturels, coprolithes et phosphorites, que dans les guanos ou dans les produits fabriqués (phosphate précipité, acide de retour des superphosphates).

L'acide phosphorique du phosphate précipité valant 0 fr. 80, celui du phosphate des coprolithes ou des phosphorites n'atteint généralement qu'une valeur de 0 fr. 25 à 0 fr. 30 le kilog.

En résumé, le cultivateur s'adressant aux engrais industriels pour s'approvisionner en acide phosphorique le payera 1 fr. 25, 0 fr. 80 ou 0 fr. 30 le kilog., suivant qu'il achètera de l'acide soluble, de l'acide redevenu insoluble, mais ayant été dissous ou de l'acide insoluble n'ayant subi aucune modification.

Cela posé, passons en revue les principales sources commerciales d'acide phosphorique.

Engrais phosphatés sans azote (8 *à* 10 *et* 20 *à* 22). — *Coprolithes, phosphorites, cendres d'os, phosphate précipité.* — Les gisements de phosphates fossiles aujourd'hui connus en Europe sont très-nombreux et pour la plupart très-abondants. La richesse en acide phosphorique des coprolithes varie de 12 à 23 pour 100 ; celle des phosphorites, de 20 à 38 pour 100 environ. Les os dégélatinés contiennent 28 à 30 pour 100 d'acide.

Les cendres d'os, c'est-à-dire les os calcinés à l'air libre, contiennent 35 à 36 pour 100 d'acide phosphorique.

Les cendres de bois, de 0,6 à 15 pour 100 suivant les espèces. Les cendres de houille et de lignites en renferment à peine quelques millièmes.

Dans tous ces engrais l'acide phosphorique est à l'état de combinaison insoluble avec la chaux et avec le fer.

Engrais phosphatés azotés. — *a)* Contenant *acide phosphorique insoluble, seulement : poudre d'os, poudrette, guano brut, noir de raffinerie.* — Dans ces engrais, l'acide phosphorique d'origine organique est, dans la plupart des sols, plus facilement assimilable que le phosphate minéral. Il est admis que sa valeur vénale est plus grande ; il vaut 0,70 à 0 fr. 80 le kil. en ce moment. Il est constamment associé à l'azote. La poudre d'os contient de 3 à 4 pour 100 d'azote insoluble et 25 à 26 pour 100 d'acide phosphorique également insoluble. Le noir de raffinerie, très-variable dans sa composition, renferme de 0,5 à 4 pour 100 d'azote, de 15 à 25 d'acide phosphorique.

La poudrette pure renferme 2 pour 100 d'azote et de 4 à 6 pour 100 d'acide phosphorique. Quant au guano du Pérou nous verrons plus loin que l'extrême variabilité de sa teneur en azote (de 3 à 9 pour 100), et de l'acide phosphorique (9 à 13 pour 100) doit le faire proscrire complétement aujourd'hui, son prix étant la plupart du temps fort au-dessus de sa valeur réelle.

b) Engrais contenant : *acide phosphorique soluble et insoluble; azote soluble et insoluble.* — (Superphosphates d'os, guanos traités par l'acide sulfurique, guano-bell, phospho-guano, etc.) Cette dernière classe d'engrais azotés et phosphatés est particulièrement importante pour l'agriculture ; la consommation s'en accroît chaque jour en France d'une manière notable ; elle a atteint depuis longtemps des proportions gigantesques en Angleterre ; les seules usines de Lawes, à Deptfordt, et Barking, fabriquent annuellement 70,000 tonnes de superphosphates.

Dans tous ces engrais, il y a lieu de doser, pour en fixer le prix : l'acide phosphorique soluble, l'acide phosphorique insoluble, l'azote soluble et insoluble.

Les superphosphates peuvent contenir de 2 à 16 pour 100 d'acide phosphorique total, tant soluble qu'insoluble. Quant à leur richesse en azote, elle varie de 0 à 6 ou 7 pour 100 suivant la nature des matières premières qui ont servi à la fabrication ou au mélange. Je donne plus loin des analyses comparatives de ces différents engrais, analyses qui me dispensent pour l'instant d'entrer dans de plus amples détails au sujet de leur composition.

V. — Engrais potassiques.

Engrais potassiques. — Depuis la découverte des mines de Stassfurt, l'agriculture n'a plus à redouter la pénurie de cet important aliment des plantes. Les résidus d'évaporation des eaux de la Méditerrannée (procédé Balard), d'une part, le gisement de Stassfurt de l'autre, nous assurent un approvisionnement en potasse pouvant suffire à toutes les exigences de l'agriculture, qui peut en obtenir sous différentes formes (chlorures et sulfates à divers degrés de concentration), de la potasse au prix de 0 fr. 70 à 0 fr. 80 le kilog. Les sels de Stassfurt contiennent de 10 à 50 pour 100 de potasse. Les salins du Midi de 10 à 35 pour 100 de la même base. Enfin, le nitrate de potasse ou salpêtre nous offre, associés, sous une forme très-assimilable pour les plantes, l'azote et la potasse au prix de 3 fr. le kilog., pour la première et de 0 fr. 80 pour la seconde.

La plupart de mes lecteurs n'auront peut-être rien appris de nouveau en parcourant les généralités que je viens de résumer; mais j'ai cru, pour l'intelligence de ce qui va suivre, devoir leur remettre sous les yeux les données générales relatives à la valeur des engrais industriels. J'arrive maintenant à la question capitale pour le praticien, à l'examen comparatif de la valeur réelle des engrais azotés, phosphatés et potassiques et à la fixation de leur prix.

VI. — DES DIVERSES CONDITIONS ACTUELLES DE LA VENTE DES ENGRAIS.

L'agriculteur qui désire acheter des engrais industriels se trouve en présence de quatre sortes de vendeurs, qu'on peut classer dans l'ordre suivant. Il peut avoir affaire : 1° à des fabricants ou dépositaires d'engrais ou de matières réputées telles, vendus à prix ferme sans aucune garantie de teneur en azote acide phosphorique ou potasse ; 2° à des fabricants ou dépositaires d'engrais vendus à prix ferme avec garantie d'un certain dosage d'acide phosphorique, d'azote et de potasse correspondant rarement au prix de vente de l'engrais ; 3° à des fabricants ou dépositaires d'engrais vendus sur analyse à des prix qui varient naturellement avec la richesse réelle des engrais ; 4° à des fabricants ou dépositaires contrôlés par les stations agronomiques.

Je crois rendre un service réel aux agriculteurs français en leur faisant connaître d'une façon précise les avantages ou les dangers que présentent ces différents systèmes. Consulté journellement, depuis plusieurs années, par des cultivateurs dupés par des vendeurs peu consciencieux, je considère comme un devoir de signaler au public agricole les fraudes de tout genre auxquelles donne lieu le commerce des engrais dans notre pays, et je m'estimerai très-heureux si la mission ingrate que je viens remplir a pour résultat d'amener les agriculteurs à congédier sans retour les fabricants qui refusent de leur vendre sur analyse et à invoquer contre les fraudeurs les sévérités de la loi. Je m'appuierai exclusivement sur des analyses faites au laboratoire de la station de l'Est ou déjà publiées par des chimistes autorisés. Si je ne recule pas devant la nécessité de désigner l'origine et le nom des produits analysés, c'est que cela est indispensable pour atteindre le but que je me propose, soustraire le consommateur à l'exploitation des fraudeurs. Deux intérêts se trouvent en présence : l'intérêt général de l'agriculteur et des fabricants honnêtes, et l'intérêt privé de quelques individus sans probité, exploitant l'ignorance ou la crédulité des cultivateurs. Défendre et protéger l'un en démasquant l'autre, tel est le droit et le devoir des directeurs des stations agronomiques.

La situation ainsi nettement établie, arrivons au vif de la question : examinons sucessivement les différents systèmes de vente des engrais en suivant l'ordre établi plus haut.

1° *Vente d'engrais à prix ferme sans aucune garantie de richesse en acide phosphorique potasse, ou sur fausse garantie.*

Le commerce des engrais industriels s'exerce, comme on sait, sur des matières qui, supposées pures, ont une valeur considérable.

100 kil. d'azote à l'état d'ammoniaque valent 300 fr.

100 kil. d'azote à l'état de phosphate organique valent 250 fr.

100 kilog. d'acide phosphorique soluble valent 125 fr.

100 kilog. d'acide phosphorique insoluble valent 80 fr.

100 kilog. de potasse valent 70 à 80 fr.

Pour chaque kilog. de matière inerte et sans valeur substituée dans un engrais, à un poids égal d'azote, d'acide phosphorique ou de potasse, le fraudeur empoche, aux dépens de l'acquéreur, 3 fr., 1 fr. 25, 0 fr. 80. Pour peu qu'il ait une clientèle étendue, le commerce est excellent ; il est d'autant meilleur que l'acheteur porte rarement plainte. J'ai dit précédemment pourquoi. C'est généralement à l'aide de courtiers parcourant les campagnes et précédés par des prospectus pompeux et des annonces mensongères à la quatrième page des journaux, que s'effectuent ces ventes. Le cultivateur peu habitué encore aux engrais autres que le fumier de ferme, résiste d'abord aux offres de service du commis-voyageur. Ce dernier insiste, et, de guerre lasse, le cultivateur achète un sac, rarement deux, de la poudre merveilleuse qui doit remplacer le fumier de quatre ou cinq bêtes à cornes. D'autres, plus instruits, demandent une analyse de l'engrais ; le vendeur la promet et part; il expédie l'engrais, mais pas l'analyse ; l'acheteur réclame l'analyse et refuse de prendre livraison ; en attendant, il envoie un échantillon dudit engrais à un chimiste qui en détermine la composition ; l'analyse arrive enfin, mais elle ne concorde pas du tout avec la composition réelle de l'engrais ; de là, discussion, et, suivant que l'acheteur est plus ou moins facile, le vendeur plus ou moins tenace, l'engrais est accepté ou refusé définitivement.

Parmi les exemples que je pourrais citer de ce mode de faire, j'en choisirai un seul, extrait des registres de la station de l'Est pour l'année 1870. Il est concluant : M. B..., directeur d'une ferme-école de la région de l'Est, achète à un voyageur de la maison Cerf et Cie, de Paris, en janvier 1870, 250 kilog. d'engrais, à raison de 31 fr. les 100 k.; on lui avait promis l'analyse de cet engrais au moment de la vente ; elle n'arriva pas. M. B... laisse les sacs en gare, prélève échantillon et refuse de prendre livraison jusqu'au jour où il aura l'analyse. Le 20 février, un mois et dix jours après l'envoi des sacs, les vendeurs n'ont pas encore envoyé la composition de la matière ; mais ils réitèrent, par lettre, l'avis de prendre livraison. M. B... apporte à la station l'échantillon prélevé en janvier ; il est analysé et présente la composition suivante :

Eau	12,93 pour cent.
Matières organiques .	36,52 contenant 4,16 d'azote.
Matières minérales . .	31,70 cont. 6,02 p. 100 d'acide phosphor.
Sable siliceux	18,85
	100,00

Au cours de cette époque (acide phosphorique insoluble, 0 fr. 70 le kilog.; azote, 1 fr. 75), cet engrais valant 11 fr. 49 les 100 kilog., était vendu 31 fr. M. B... insiste de nouveau et réclame pour la troisième fois l'analyse, à la date du 21 février. Le 13 mars suivant, MM. Cerf et Cie se décident à envoyer l'analyse suivante :

Eau	10,10
Matières organiques azotées.	48,00
Acide phosphorique.	5,59
Sels alcalins	1,75
Autres matières minérales	35,56
	100,00

D'après les nombres fournis par les vendeurs eux-mêmes et suivant le cours de l'époque, cet engrais n'aurait valu encore que 15 fr. 37, au lieu de 31 fr.

Mais ce n'est pas tout. Les feuilles de papier à lettre de cette maison de commerce portent un entête imprimé de nature à induire en erreur les vendeurs crédules. J'y lis, en effet, au-dessous du mot *engrais*, la mention suivante, qu'ignore sans aucun doute celui qui en est l'objet : *Analysé par M. Barral, membre de l'Académie impériale des sciences, président des comices agricoles, chevalier de la Légion d'honneur*. En revanche, l'analyse envoyée à M. B... est anonyme : elle contient pour toute signature, à côté du timbre humide de MM. Cerf et Cie : *Pour M. Barral, absent.*

On voit que certains industriels ne reculent devant rien pour tenter le public : attribution, à l'insu de l'intéressé, d'une fausse qualité de nature à servir de réclame; analyse anonyme, alors que les imprimés mentionnent expressément la garantie d'un nom autorisé, analyse inexacte et valeur réelle égale au tiers du prix demandé. Rien ne manque à cette fraude, dont j'ai entre les mains tous les documents originaux.

Supposons maintenant l'achat de 1,000 kilog. de cet engrais pour fumer deux hectares de terre, et voyez la perte qui en résultera pour le cultivateur :

1,000 kilog. coûtent	310 fr.
1,000 kilog. valent.	115
Différence ou perte sèche. .	195 fr.

c'est-à-dire près de deux fois égale à la valeur réelle de l'engrais.

Je pourrais multiplier les citations de ce genre, on en trouvera encore des exemples dans le tableau suivant où j'ai groupé quelques résultats extraits des registres de la station, et de nature, je l'espère, à édifier complétement mes lecteurs sur l'importance qu'il y a pour eux à s'en rapporter exclusivement à l'analyse, et non aux mensongères réclames de courtiers industriels. Tout vendeur d'engrais refusant de garantir une certaine richesse en acide phosphorique, en azote et en potasse, suivant les cas, *quel que soit d'ailleurs le prix auquel il vende ses produits*, doit être impitoyablement éconduit par le cultivateur, les fabricants honnêtes étant, comme nous le verrons plus loin, les premiers intéressés à la vente sur titre réel.

L'économie de ce tableau est la suivante : au-dessous du

prix de revient des engrais se trouve indiquée sa valeur réelle obtenue en multipliant respectivement les chiffres de l'azote, de l'acide phosphorique et de la potasse, par la valeur au cours actuel du kilogramme de chacune de ces substances.

Un simple coup d'œil jeté sur ce tableau met en évidence les écarts énormes que présentent les prix des engrais industriels, suivant que ceux-ci sont contrôlés et vendus sur richesse réelle, ou achetés sans garantie de teneur en azote et acide phosphorique par les vendeurs. Avant d'aller plus loin, faisons, à l'aide de ces chiffres, quelques rapprochements très-instructifs sur le premier système de vente qui nous occupe.

Le guano du Pérou contenait autrefois 13 pour 100 d'azote et environ autant d'acide phosphorique. Il était vendu 30 à 31 fr. les 100 kilog. Sa composition, presque invariable, en faisait à ce prix un engrais excellent et relativement bon marché. Aujourd'hui il est vendu sans aucune espèce d'analyse ni de garantie par les concessionnaires pour l'Europe, MM. Dreyfus et Cie, à raison de 33 fr. 15 à 36 fr. 15 les 100 kilog., suivant les quantités qu'en prend l'acheteur. Sa valeur varie, pour les échantillons pris sur de grandes masses, dont je donne ci-dessous l'analyse et qui m'ont été envoyés par M. E. Boursier, secrétaire de la Société des agriculteurs de France et agriculteur à Chevrières (Oise), entre 24 fr. 35 et 35 fr. 91 les 100 kilog. Suivant que le hasard le servira plus ou moins bien, car c'est du hasard seul que cela dépend ici; les vendeurs ne subordonnant pas le prix de leur marchandise à sa valeur, l'agriculteur subira, sur un achat de 1,000 kilog. de guano, une perte allant de 0 fr. à 115 fr. 60. Encore dois-je ajouter que les exemples cités dans le tableau sont loin de représenter les écarts extrêmes qu'on a constatés dans la composition des guanos. Ces chiffres seuls doivent suffire pour faire pros-

ANALYSES

DES PRINCIPAUX ENGRAIS INDUSTRIELS

Faites à la station agronomique de l'Est.

COMPARAISON DE LA VALEUR RÉELLE AVEC LE PRIX DE VENTE.

100 KIL. D'ENGRAIS CONTIENNENT :	VALEUR DU KIL. (1873.)	GUANO DU PÉROU. I.	II.	III.	IV.	FRAGERÖ-GUANO. V.	VI.	VII.	VIII.	IX.	PHOSPHO-GUANO. X.	GUANO AZOTÉ fixé. XI.
Azote soluble	3 f	8 01	3 84	3 49	2 02	3 66	5 20	2 88	4 45	4 44	2 45	1 48
Azote insoluble	2 50	» »	3 66	2 66	3 55	1 07	» »	» »	» »	» »	0 60	1 82
Ac. Phosp. soluble	1 25	» »	» »	» »	» »	1 40	» »	» »	» »	13 74	[illegible]6 77	5 05
Ac. Phosp. insoluble	0 80	14 85	10 15	10 48	9 52	11 84	13 40	12 27	13 05	» »	» »	4 12
Potasse	0 70 à 0 80	» »	» »	» »	» »	» »	» »	» »	» »	» »	» »	» »
Prix de vente de ces engrais		35 »	34 »	34 »	34 »	27 80	26 50	26 50	26 50	26 50	33 70	36 45
Valeur réelle de ces engrais		35 91	27 29	26 50	24 35	24 98	27 32	18 46	23 79	24 31	29 81	24 36
Différences		+0 91	-0 74	-7 50	-9 65	-2 82	+0 82	-3 04	-2 74	-2 19	-3 89	-2 09

100 KIL. D'ENGRAIS CONTIENNENT :	ENGRAIS SAMSON. XII.	SUPERPHOSPHATE AZOTÉ. XIII.	SUPERPHOSPHATE D'OS. XIV.	POUDRETTE. XV.	XVI.	XVII.	CHLORURE de POTASSIUM. XVIII.	XIX.	XX.	SULFATE de potasse. XXI.	SULFATE d'ammoniaque. XXII.	XXIII.	NITRATE de POTASSE. XXIV.	XXV.	ENGRAIS de laine. XXVI.	ENGRAIS pour lin. XXVII.	ENGRAIS pour betteraves. XXVIII.
Azote soluble	3 »	» »	» »	» »	» »	» »	» »	» »	» »	» »	18 »	21 01	13 51	12 90	» »	2 73	0 [illegible]
Azote insoluble	2 77	» »	0 73	0 47	1 65	2 09	» »	» »	» »	» »	» »	» »	» »	» »	4 02	0 93	0 [illegible]
Ac. Phosp. soluble	» »	7 74	15 74	» »	» »	» »	» »	» »	» »	» »	» »	» »	» »	» »	» »	1 50	2 [illegible]
Ac. Phosp. insoluble	5 47	5 19	1 02	0 30	4 25	4 84	» »	» »	» »	» »	» »	» »	» »	» »	» »	2 98	1 [illegible]
Potasse	» »	» »	» »	» »	» »	» »	50 77	35 12	50 76	10 86	» »	» »	46 04	43 62	» »	4 85	3 [illegible]
Prix de vente de ces engrais	26 »	22 82	18 »				35 »	36 »	35 54	23 »	54 »	63 01	81 »	73 59	33 »	26 25	28 [illegible]
Valeur réelle de ces engrais	15 74	22 82	22 31	1 41	7 50	9 09	35 54	24 58	35 54	7 60	54 »	63 01	77 36	73 59	10 05	18 19	6 [illegible]
Différences	-10 26	Néant.	+4 31				+0 54	-11 14	Néant.	-15 40	Néant.	Néant.	-3 64	Néant.	-22 95	-8 60	-12 [illegible]

DÉSIGNATION ET PROVENANCE DES ENGRAIS INSCRITS DANS CE TABLEAU :

I. Échantillon prélevé sur un lot de 5,000 kil., vendu par M. Bonpain Vandercolme, de Dunkerque.
II. Échantillon prélevé sur un lot de 5,000 kil., vendu par M. Nocq, de Noyon.
III. Échantillon prélevé sur un lot de 10,000 kil., vendu par M. Nocq, de Noyon.
IV. Échantillon prélevé sur un lot de 5,000 kil., vendu par M. Nocq, de Noyon,
V. Échantillon-type envoyé à la station par le représentant de MM. Lambo Mathys, à Anvers.
VI. Échantillons analysés en avril 1873 à la station agronomique de Gembloux.
VII. Échantillons analysés en avril 1873 à la station agronomique de Gembloux.
VIII. Échantillons analysés en avril 1873 à la station agronomique de Gembloux.
IX. Échantillons analysés en avril 1873 à la station agronomique de Gembloux.
X. Échantillon prélevé par le représentant de MM. Gallet-Lefebvre, sur 1,000 kil., à Nancy.
XI. (Bolt) Échantillon-type adressé par M. Dudouy.
XII. Vendu à M. Boursier par Joulie et Cie.
XIII. Contrôle de l'usine Xardel à Malzéville, par la station.
XIV. Envoyé par M. Michaux de Bonnières (Oise).
XV. Vendue à M. Damboise, à Naumoncel, contenant 44 % de matières étrangères, cailloux, etc.
XVI. Vendue à M. de Gualta, à Alteville, en 1869.
XVII. Vendue à M. Aubertin près de Metz, en 1869.
XVIII. Vendu à M. Boursier, par Joulie et Cie.
XIX. Vendu à M. Boursier par Joulie et Cie.
XX. De Stassfurt (contrôle de l'usine Xardel)
XXI. Vendu à M. Boursier par Joulie et Cie.
XXII. Contrôle de l'usine Xardel (1873).
XXIII. Idem.
XXIV. Vendu à M. Boursier par Joulie et Cie.
XXV. Contrôle de l'usine Xardel.
XXVI. Vendu à M. Boursier.
XXVII. Vendu à M. Bernandat (Marne), p[illegible] M. Vallot, à Vaillancourt près Cambra[illegible]
XXVIII. Idem.

crire complétement le guano de nos fermes, car rien n'est plus facile, comme je le prouverai tout à l'heure, que de trouver sur le marché des engrais contenant autant d'azote et d'acide phosphorique à leur vrai prix.

L'étude que je consacre aux engrais industriels et à leur mode de vente, a pour principal but de mettre en évidence, aux yeux des cultivateurs, les écarts énormes que présentent, sous le rapport de leur richesse en azote, en acide phosphorique et en potasse, les matières que l'industrie leur offre à des prix, quelquefois absolument arbitraires. Il ne m'est pas possible de leur signaler toutes les fraudes dont ils sont journellement exposés à être dupes ; la question de principe domine tout ici, et je concentre mes efforts à démontrer la nécessité absolue du contrôle des engrais industriels par les hommes compétents. Les quelques exemples que j'ai cités précédemment suffiraient à la rigueur pour mettre les agriculteurs sur leur garde ; mais on ne saurait trop, en pareille matière, invoquer les chiffres, plus éloquents dans leur brutalité que tous les raisonnements.

Revenons au tableau précédent. Si mes lecteurs veulent bien s'y reporter, nous en discuterons ensemble les principales données, et nous arriverons à nous convaincre de l'intérêt majeur qu'il y a pour les acheteurs, aussi bien que pour les producteurs honnêtes, à mettre fin, d'un commun accord, à des pratiques scandaleuses qu'on ne saurait trop flétrir.

Je dois d'abord à mes lecteurs quelques mots d'explication sur la contexture du tableau et sur les bases adoptées pour les calculs. Depuis 1868, la station de l'Est a été appelée à faire, pour le public agricole, de nombreuses analyses d'engrais ; elle contrôle plusieurs fabriques importantes : l'usine de M. Xardel, à Malzéville, près Nancy (sulfate d'ammoniaque, superphosphate, phosphate précipité, sels de potasse) ; l'agence générale des sels de Stassfurt pour la France (Patent-Kali, Frank, G. Stahmann, à Strasbourg); — l'agence française Wilson et Cie, à Nantes, pour le *Lawes Chemical Manure company* (superphosphates, engrais Lawes). — Il n'est guère de sorte d'engrais bien ou mal préparés, riches ou pauvres, honnêtement fabriqués et vendus ou indignement falsifiés, que la station agronomique n'ait eu occasion d'analyser en un plus ou moins grand nombre d'échantillons. Tous les résultats analytiques inscrits dans ce tableau, à part quatre analyses de Fragerö-Guano, empruntées au bulletin n° 4 de la station agronomique de Gembloux, dirigée par mon ami le Dr A. Petermann, ancien préparateur à la station de l'Est, sont extraits des registres de ce dernier établissement. J'ai cherché à mettre en évidence les écarts existant entre la valeur réelle des engrais, calculés sur leur teneur en azote, acide phosphorique et potasse, et les prix auxquels les cultivateurs ont payé les engrais. Les chiffres inscrits dans la colonne portant la mention « *prix de vente* » représentent, suivant les cas, la valeur de l'engrais, transport non compris, lorsque le cultivateur a acheté cet engrais sur place, ou la valeur de l'engrais pris à l'usine ou dans le port d'arrivée, majorés des frais de transport. En tout cas, ils indiquent le déboursé réel du consommateur, de même que les chiffres inscrits dans la colonne afférente à la valeur des engrais représentent cette valeur, calculée exclusivement sur la richesse des produits.

On peut grouper en trois catégories les engrais analysés inscrits dans ce tableau :

1° Engrais payés un prix supérieur à leur valeur.
2° Engrais vendus à leur valeur réelle.
3° Engrais vendus à un prix inférieur à leur valeur.

La deuxième catégorie comprend exclusivement les engrais soumis au contrôle des stations.

La première et la troisième, les engrais vendus hors contrôle avec ou sans garantie.

Examinons successivement chacune de ces catégories.

1° *Engrais payés un prix supérieur à leur valeur réelle.*

	Écart maximum par 1,000k entre la valeur et le prix.
Nos I à IV. Guano du Pérou.	115f 60 pris par 5,000k à Noyon.
V à IX. Guano-Fragero.	28f 60 pris à Anvers, par 1,000k.
X. Phospho-guano.	38f 90 rendu à Nancy, par 1,000k.
XI. Guano Gibbs n° 1.	119f 90 rendu à Nancy, par 1,000k.
XII. Engrais Samson.	102f 60 rendu à Chevrières (Oise).
XIX. Chlorure de potassium . . .	112f 50 rendu à Chevrières (Oise).
XX. Sulfate de potasse	154f rendu à Beaurain (Oise).
XXVI. Engrais de laine.	229f 50 rendu à Beaurain (Oise).
XXVII. Engrais pour lin.	80f 60 pris à l'usine (Cambrai).
XXVIII. Engrais pour betteraves.	218f, pris à l'usine (Cambrai).

En ce qui concerne le guano du Pérou, je dois faire remarquer que l'écart, au détriment des cultivateurs, se trouve ici atténué par le fait de la quantité d'engrais acheté; M. Dreyfus et Cie vendent, en effet, 361 fr. 50 la tonne de guano pris dans l'un de leurs dépôts par quantité inférieure à trente tonnes. S'il s'agit d'un lot de guano de composition identique à l'échantillon n° IV, l'écart s'élève alors à 118 fr. par tonne.

Pour la poudrette, on voit que les matières livrées à un prix identique à trois cultivateurs différents, ont une valeur réelle qui oscille entre 14 fr. 10 et 90 fr. 90 les 1,000 kilogr. Je n'ai pas eu connaissance du prix de vente de cette poudrette, je crois savoir qu'il était de 4 fr. 50 l'hectolitre, pouvant correspondre à 6 fr. 50 environ les 100 kilogr. Dans un cas, l'acheteur paye donc 6 fr. 50 ce qui ne vaut que 1 fr. 40; dans les autres, le fabricant vend au même prix des matières dont la valeur réelle varie de 7 fr. 50 à

9 fr. 09. J'insisterai plus loin sur l'importance de cette considération pour les fabricants honnêtes.

2° *Engrais vendus à leur valeur réelle.*

Nos XIII.	Superphosphate azoté. . . .	Usine Xardel.
XXI.	Chlorure de potassium . . .	Id.
XXII.	Sulfate d'ammoniaque . . .	Id.
XXV.	Nitrate de potasse	Id.

L'avantage du contrôle pour le fabricant et pour le consommateur ressort clairement des chiffres relatifs à l'usine Xardel.

L'azote, l'acide phosphorique et la potasse sont vendus ici à leur véritable valeur; le sulfate d'ammoniaque qui contient 18 pour 100 d'azote est vendu 54 fr., celui qui en renferme 21.01 pour 100 est vendu 63 fr. Dans le commerce d'engrais sans contrôle, ces deux sulfates auraient été vendus, selon toute probabilité, au même prix, admettons 60 fr. les 100 kilogr. Dans un cas, l'acheteur eût perdu 60 fr. par 1,000 kilogr.; dans l'autre, le fabricant aurait supporté, sans s'en douter, une perte de 30 fr. par tonne.

Je n'insiste pas pour l'instant sur ces faits, j'y reviendrai à propos du contrôle.

3° *Engrais vendus au-dessous de leur valeur.*

		Différence au détriment du vendeur.
Nos XXVIII.	Chlorure de potassium. .	55f40 par 1,000k.
XIV.	Superphosphate d'os.	43f10 par 1,000k.

Rien ne peut mieux montrer l'intérêt que le fabricant honnête trouve à placer ses produits sous le contrôle d'une station. Le superphosphate d'os vendu par M. Michaux de Bonnières, durant toute la campagne dernière, présentait en moyenne la composition de l'échantillon que j'ai analysé. Ce superphosphate valait, au cours 22 fr. 31 les 100 kilogr.;

il était vendu 18 fr., et, chose qu'il n'est pas inutile de signaler, les cultivateurs qui se sont adressés à M. Michaux ne pouvaient, dans l'ignorance où ils étaient de la richesse réelle en acide phosphorique et en azote de l'engrais acheté par eux, savoir le moindre gré à leur vendeur de la différence de 43 fr. 10 par tonne, à leur profit.

Je laisse à mes lecteurs le soin de tirer de la comparaison des chiffres contenus dans ce tableau toutes les conséquences qu'on en peut déduire. Ils peuvent, par exemple, chercher, en admettant le prix de l'azote (3 fr. le kilogr.) ou celui de l'acide phosphorique soluble (1 fr. 25 le kilogr.) comme invariables dans un engrais donné, à quel prix l'agriculture paye l'acide phosphorique ou l'azote dans les engrais vendus sans garantie. Il leur est facile de voir que dans le guano n° V, par exemple, l'azote représentant une valeur totale de 14 fr. 13, les 9 kil. 52 d'acide phosphorique insoluble coûtent 19 fr. 87, soit 2 fr. 08 le kil., au lieu de 0 fr. 80, prix auquel l'offrent les engrais contrôlés. Dans l'engrais pour betterave n° XXVIII, l'acide phosphorique soluble revient à 10 fr. 51 le kil. au lieu de 1 fr. 25, et ainsi des autres.

Le premier système de vente des engrais que j'adjure les agriculteurs, au nom de leurs intérêts les plus clairs, à repousser de toutes leurs forces, système qui consiste à acheter à prix ferme, sans garantie, des engrais dont on ignore la composition, conduit donc à payer jusqu'au *décuple* de leur valeur certains principes fertilisants que nous sommes obligés aujourd'hui de demander à l'industrie.

2° *Engrais vendus à prix ferme avec une garantie d'un certain dosage d'acide phosphorique, d'azote ou de potasse.*

Après avoir pris la ferme résolution de repousser indistinctement tous courtiers d'engrais venant lui offrir à un prix quelconque un engrais dont la vente ne sera pas accompagnée d'une garantie de titre signée par le fabricant, l'agriculteur n'a plus le choix qu'entre les engrais vendus à prix fixe avec une garantie d'un minimum d'acide phosphorique, d'azote ou de potasse, et les engrais provenant d'usines contrôlées par les stations agronomiques.

Il importe, pour ne pas prêter à l'équivoque, de bien s'entendre tout d'abord sur le sens du mot *garantie* appliqué à la vente des engrais. De l'interprétation étroite qu'on lui donnera, dépendra en effet la manière dont un différend entre vendeur et acheteur pourra se régler.

Quelques exemples choisis parmi les analyses contenues dans le tableau précédemment donné rendront facile la solution de cette question. M. Boursier, de Chevrières, a acheté à MM. Joulie et Cie, l'engrais de laine qui figure sous le n° XXVI. Cet engrais, vendu 33 fr. les 100 kilogr., était garanti contenir 9 à 9.50 pour 100 d'azote; l'échantillon que j'ai analysé n'en renferme que 4.02 pour 100. Si l'on interprète le mot garantie comme je le ferais en pareil cas, M. Boursier est en droit de refuser l'engrais et d'exiger du vendeur le prix des déboursés, s'il en a supporté, pour amener l'engrais à la ferme. On donne quelquefois au mot garantie une autre signification, et l'on admet alors que l'acheteur doit conserver l'engrais dont le prix sera réduit au prorata de la quantité de substance garantie qui manque. Dans l'exemple que j'ai pris, M. Boursier devrait payer à son vendeur 10 fr. 05 par 100 kilogr. au lieu de 33 fr. Cette deuxième interprétation, contre laquelle j'ai eu quelquefois à m'élever en qualité d'arbitre entre vendeur et acheteur, me semble tout à fait inadmissible. Dès que l'écart entre le taux annoncé et le taux réel dépasse 2 à 3 pour 100, l'acheteur est, à mon sens, en droit de rompre le marché. Si l'écart est faible, si au lieu de 9 pour 100 d'azote par exemple, l'engrais acheté par M. Boursier en eût renfermé 8 ou 8.50, le sens du mot garantie implique, à mon avis, la possibilité pour le vendeur de maintenir le marché, à la condition de réduire le prix de l'engrais de 2 fr. 50 par kilogr. d'azote manquant.

Le système de vente que j'examine en ce moment est toujours désavantageux pour l'acheteur, sans constituer cependant, dans la plupart des cas, une fraude du côté du vendeur. Il est désavantageux pour l'acheteur, tous les exemples inscrits au tableau le prouvent : car, à part le superphosphate de M. Michaux et l'un des chlorures de M. Joulie, tous les engrais vendus, non au prorata exact de leur teneur en acide phosphorique, en azote et en potasse, mais à prix ferme et avec garantie d'une certaine richesse en ces trois principes, sont vendus au-dessus de leur valeur. En d'autres termes, l'acide phosphorique, l'azote et la potasse coûtent plus de 1 fr. 25, 0 fr. 80, 3 fr. et 0 fr. 80 le kilogr. dans tous les engrais vendus en dehors du contrôle. Je dis que ce système, préjudiciable aux intérêts des cultivateurs, peut être pratiqué loyalement par les vendeurs. En effet, du moment qu'un négociant vous dit voilà un engrais qui contient 10 pour 100 d'acide phosphorique soluble et 5 pour 100 d'azote assimilable, je vous garantis cette richesse et vous vendrai cet engrais 34 fr. les 100 kilogr., il agit très-loyalement, et vous n'avez aucun reproche à lui adresser; c'est à vous de voir que cet engrais ne vaut en réalité que 27 fr. 50 et que vous pouvez vous procurer ailleurs l'acide phosphorique et l'azote qu'il contient à meilleur marché, que le prix auquel ils vous sont offerts. Pourvu que la teneur en azote et acide phosphorique annoncée soit exacte, vous n'avez rien à dire.

C'est dans ce système de vente que rentrent le phosphoguano, le guano de Bell. Les fabricants et dépositaires sont parfaitement dans leur droit en vous offrant leurs produits aux prix qu'il leur convient de fixer. A vous cultivateurs de voir si, pour une raison quelconque, vous jugez à propos d'attribuer une plus-value à l'acide phosphorique du phospho-guano et du guano Gibbs sur l'acide phosphorique du superphosphate d'une usine contrôlée.

Au point de vue des fabricants, la vente sur titre garanti, entendue comme nous venons de le voir, présente d'autant plus d'inconvénients que celui qui la pratique est plus scrupuleux. Toutes les personnes qui se sont occupées de la transformation industrielle des matières phosphatées et azotées savent combien il est difficile, lorsqu'on opère en grand, d'obtenir constamment des produits identiques; souvent, dans deux opérations consécutives, suivant le plus ou moins d'homogénéité des matières premières, suivant la marche des réactions, on peut, croyant préparer deux engrais de même richesse en principes fertilisants, arriver à deux produits notablement différents; c'est surtout vrai pour la préparation des superphosphates. Les quantités d'eau et d'acide employés, la manière dont les ouvriers les incorporent au phosphate, les procédés de dessication, sont autant de causes qui peuvent faire varier du simple au double la proportion d'acide phosphorique soluble. Quelque grande que soit son habileté, le fabricant de superphosphate peut toujours craindre des variations de 2 à 3 pour 100 dans la teneur en acide phosphorique soluble des produits sortant de son usine. Il suit de là que, pour être certain de tenir ses engagements vis-à-vis des cultivateurs, c'est-à-dire pour livrer des engrais contenant toujours le minimum d'acide phosphorique soluble indiqué par lui, le fabricant scrupuleux est presque constamment conduit à préparer des engrais titrant un peu plus qu'il ne l'indique dans ses prospectus. Or, si l'on n'admet pas que l'agriculteur paye l'acide phosphorique ou l'azote plus cher qu'ils ne valent, il n'y a pas lieu davantage d'admettre que le fabricant, par ce seul fait qu'il est honnête, se trouve dans la nécessité de vendre ces matières au-dessous de leur valeur. On est conduit, par les diverses raisons que je viens de donner, à repousser ce mode de vente des engrais, dans lequel l'acheteur ou le vendeur ne peuvent trouver également leur compte. Le principe admis par le commerce pour toutes les matières définies, telles que le fer, l'alcool, le sucre, etc., doit être appliqué aux engrais; on doit vendre et acheter l'acide phosphorique et l'azote à prix débattu, mais à prix fixé par kilogramme.

A la rigueur, les matières fertilisantes d'un prix peu élevé, comme le phosphate naturel (coprolithes, phosphorites), les sels de Stassfurt même peuvent être vendus sur garantie d'un minimum, en raison du prix relativement minime de l'acide phosphorique sous cette forme et de la potasse. Mais lorsqu'il s'agit de substances valant de 125 fr. à 300 fr. les 100 kilogr., il y a lieu d'adopter uniquement pour base de la fixation du prix de l'engrais, sa richesse réelle, déterminée pour chaque vente, en acide phosphorique et en azote.

3° *Engrais vendus sur analyse d'après leur richesse réelle en azote, acide phosphorique et potasse.*

J'ai peu de chose maintenant à dire pour faire ressortir l'avantage de ce système sur les deux précédents. Il consiste essentiellement dans la convention expresse entre le vendeur et l'acheteur de fixer le prix de l'engrais sur le taux pour cent d'azote et d'acide phosphorique indiqués par l'analyse dans la matière livrée à l'agriculteur. Les écarts dus à la fabrication n'ont plus d'importance, puisque l'agriculteur ne doit payer que l'azote et l'acide phosphorique existant réellement dans la matière vendue; de son côté, le vendeur n'a rien à garantir, il n'a pas à se préoccuper des moyens d'arriver à des mélanges qui contiennent exactement telle ou telle quantité pour cent de principes fertilisants, le prix en étant réglé sur analyse. Ce système est déjà adopté par quelques négociants, son application n'est pas difficile, la seule précaution qu'elle exige est un échantillonnage convenable pour la prise d'essai destinée à l'analyse. J'indiquerai plus loin les mesures à prendre pour lever cette difficulté. Sans être aussi parfait que l'établissement du contrôle proprement dit, ce mode de marchés met complétement à couvert la responsabilité des vendeurs et donne à l'acheteur des garanties suffisantes. Il est à désirer que les cultivateurs prennent la détermination d'acheter tous les engrais sur analyse, ce serait un acheminement naturel vers l'établissement du contrôle par les stations dont il me reste à faire connaître le fonctionnement.

VII. — DU CONTROLE DES ENGRAIS PAR LES STATIONS.

J'ai successivement passé en revue les différents modes de vente des engrais industriels. En rapprochant de leur prix de vente la valeur réelle des principales matières fertilisantes que l'industrie offre à l'agriculture, j'ai surabondamment montré, je l'espère du moins, les pertes sèches auxquelles s'expose le cultivateur imprudent ou trop confiant, qui n'exige pas du vendeur une garantie formelle de la teneur en azote, acide phosphorique et potasse des produits qu'il lui achète.

La loi, pour les raisons précédemment données, pouvant difficilement protéger les agriculteurs contre les fraudes éhontées de certains industriels, c'est à l'initiative privée que je fais appel pour atteindre le but désiré. L'entente des fabricants honnêtes et des consommateurs peut mettre fin rapidement au déplorable état de choses constaté plus haut : ce sont les bases de cette entente et les moyens de les réaliser qu'il me reste à examiner.

L'opinion de mes lecteurs est, sans doute, unanime sur le point suivant : tout engrais offert à l'agriculteur doit être accompagné d'une déclaration du vendeur indiquant : 1° le prix des 100 kilogr. d'engrais ; 2° sa composition et son dosage en acide phosphorique, potasse et azote ; 3° l'engagement du vendeur de faire une réfraction proportionnelle à l'écart qui pourrait exister entre la richesse annoncée et la richesse réelle déterminée, s'il y a lieu, par une contre-analyse. — Ces conditions de vente rendent tout mécompte impossible ; elles donnent à l'acheteur la garantie qu'il ne payera que ce qu'il a l'intention d'acheter ; au vendeur honnête, la certitude de ne pas livrer ses produits au-dessous de leur valeur. Comment, dans la pratique, réaliser cette condition *sine qua non* de la moralité du commerce des engrais? La création des stations agronomiques est la voie la plus simple et la plus efficace pour y parvenir.

Mes lecteurs me pardonneront si, avant de décrire le système du contrôle par les stations, j'entre dans quelques détails sur le principe de ces établissements et sur leur organisation. Ces observations préliminaires sont étroitement liées au sujet qui m'occupe en ce moment.

Du véritable rôle des stations agronomiques.

Il règne encore dans l'esprit de beaucoup d'agriculteurs des idées inexactes sur le rôle des stations agronomiques et sur leur fonctionnement. L'étude approfondie que j'ai faite de ces établissements et l'expérience que j'ai acquise depuis 1868, époque de la création, à Nancy, de la première station française, m'autorisent, je crois, à parler en connaissance de cause de cette institution qui, en se généralisant dans notre pays, contribuera dans une très-large mesure, j'en ai la conviction, aux progrès de l'agriculture.

Une station agronomique est avant tout un établissement d'utilité publique destiné à mettre au service des praticiens de profession les enseignements de la science. Les stations ne sont point, comme quelques écrivains ignorant l'organisation fondamentale de ces établissements se sont plu à le dire, des laboratoires de recherches consacrés à des travaux personnels, comme les laboratoires justement célèbres de Lawes et Gilbert, à Rothamsted, de M. Boussingault, à Bechelbronn. Ce ne sont pas davantage de simples laboratoires industriels ouverts, dans un but de spéculation d'ailleurs très-licite, aux personnes qui désirent faire faire des analyses d'engrais de sols ou de toute autre substance. Les stations agronomiques ont pour but principal d'offrir aux agriculteurs de la région où elles existent, à côté de la possibilité de faire exécuter des analyses, les moyens d'obtenir des conseils, des renseignements et, au besoin, des expériences dans le laboratoire, dans l'étable et dans les champs d'essais, sur toutes les questions qui touchent à l'agriculture. Les directeurs de stations sont les conseillers naturels des cultivateurs de leur région ; ils doivent être à la fois chimistes, physiologistes et agronomes dans l'acception large du mot : ils appartiennent au public agricole avant de s'appartenir, et leurs travaux personnels sont la plupart du temps suggérés par les questions que leur pose la pratique. En relations journalières avec les agriculteurs, ils doivent être les promoteurs, dans leur sphère d'action, de toutes les améliorations agricoles : mode de préparation et d'emploi des engrais, nouvelles méthodes de culture, instruments perfectionnés, amélioration dans le traitement des fourrages, leur conservation, leur utilisation par le bétail, etc. En un mot, toutes les questions importantes pour les exploitations rurales doivent appeler leur attention et fournir matière à des conseils, à une propagande d'autant plus active qu'elle est absolument désintéressée.

Ainsi comprise, la mission des directeurs de stations constitue l'un des éléments de progrès les plus efficaces dans une région; ainsi s'explique en même temps l'intérêt considérable et direct que les cultivateurs ont à créer des stations. J'ai vu avec une extrême satisfaction, pas n'est besoin que je le dise, le ministère de l'agriculture, le ministère de l'instruction publique et la Société des agriculteurs de France, apporter au développement de ces établissements un concours important, en inscrivant à leur budget, pour 1874, des crédits spéciaux destinés à subventionner les stations futures. L'initiative privée associant ses efforts à ceux de l'État, peut donner, quand elle le voudra, une impulsion féconde à cette institution, dont je m'applaudis chaque jour davantage de m'être fait l'ardent promoteur.

Quand les agriculteurs auront bien saisi ce qu'est une station; qu'ils ne se figureront plus qu'elle consiste uniquement en un laboratoire privé plus ou moins bien installé, auquel est annexé un champ d'expérience ou une étable, le tout destiné à des recherches personnelles, si profitables qu'elles puissent devenir pour la science; quand il leur sera entré dans l'esprit que c'est avant tout un établissement constamment ouvert au public, destiné à lui rendre des services directs et immédiats, dont le directeur est à la disposition du cultivateur pour un conseil, un renseignement, une expérience, une analyse, le but que je poursuis depuis six années sera atteint : chacune des régions agricoles de la France aura une ou deux stations, fondées par association, entretenues par les cotisations des cultivateurs, comme cela a lieu en Allemagne, et subventionnées par l'État, comme témoignage du caractère d'utilité publique qu'elles présentent, bien plus que par nécessité financière.

Les agriculteurs intelligents sont les premiers intéressés à la création de stations ; c'est à eux de s'associer pour les fonder et leur fournir les ressources nécessaires à leur développement. Les services qu'elles leur rendront, l'argent qu'elles leur économiseront, en les guidant dans leurs essais et notamment dans leurs achats d'engrais, leur rendront au centuple la faible somme consacrée chaque année par eux à l'institution des stations.

Il y a tel département, et j'en pourrais citer plus d'un, où le chiffre des ventes d'engrais industriels atteint et souvent dépasse un million de francs annuellement. Dans l'état présent des choses, c'est faire une estimation très-modérée que d'admettre, entre le prix vénal et la valeur de ces engrais, un écart de 5 pour 100. Le chiffre que j'ai donné précédemment montre que, pour certains engrais, cet écart est de 100, 200, 1,000 pour 100. Or, 5 pour 100 sur un chiffre de 1 million représentent 50,000 fr., somme suffisante pour entretenir largement, par année, trois stations agronomiques bien dotées. Si donc, par le fait seul de la présence d'une station dans un département, la culture peut réaliser une économie de 5 pour 100, chiffre bien modeste, je le répète, sur ses achats d'engrais, elle peut, sans qu'il lui en coûte un centime, instituer trois stations dans le département. Le contrôle des engrais par les stations réalise d'emblée ce programme ; il supprime *tout* écart entre la valeur réelle des matières fertilisantes et leur prix de vente, anéantit la fraude et dote du même coup le pays d'établissements où les agriculteurs pourront trouver, sur toutes les questions qui les intéressent, des renseignements et des conseils aussi autorisés qu'ils seront désintéressés. Comme on le voit, l'idée nette de ce qu'est une station agronomique est tout à fait connexe de la question du contrôle ; c'est pour cela que j'ai cru devoir m'y arrêter.

Avant d'arriver à ce contrôle, je veux ajouter encore quelques mots sur un point qui mérite d'être spécialement mis en lumière. Dans tout ce qui précède, je me suis borné à montrer au cultivateur la perte sèche résultant pour lui de l'achat d'engrais fraudés ou vendus à un prix hors de proportion avec leur valeur réelle. Il n'est pas inutile de faire remarquer que la perte subie par l'acheteur, indignement volé par certains fabricants, ne consiste pas seulement dans l'écart entre la valeur et le prix de l'engrais ; pour mesurer exactement l'étendue du préjudice que lui portent les fraudes et les fripons, il faut que l'agriculteur tienne compte, pour mémoire au moins, s'il ne peut l'évaluer exactement en argent, de la récolte mauvaise ou médiocre qui ne pourra manquer de suivre l'emploi comme engrais de matières inertes vendues à haut prix. Il arrivera rapidement à se convaincre combien est grand l'intérêt qu'il a à éconduire ces négociants éhontés, auxquels ne manque jamais la ressource d'imputer, pour se défendre, aux intempéries, à la pluie, à la sécheresse, au froid ou au chaud, l'insuccès dû uniquement à la mauvaise qualité de leurs engrais frelatés. Tout compte fait, l'achat de matières fertilisantes vendues sans garantie se traduit presque toujours par des pertes sèches décuples ou centuples des frais que nécessite l'analyse ou le contrôle des engrais industriels. Cela ne saurait, je l'espère, laisser aucun doute dans l'esprit de mes lecteurs. Arrivons maintenant au système du contrôle.

Le contrôle des stations s'exerce : 1° sur les fabriques d'engrais ; 2° sur les dépôts d'engrais. Suivant que fabriques et dépôts sont situés à proximité des stations ou loin d'elles, le système de contrôle est un peu différent ; mais son principe reste le même, à savoir : subordination de tout prix de vente de la fabrique ou du dépôt, à l'analyse de la station ; faculté laissée à l'acheteur de faire exécuter à la station, dans des conditions indiquées plus loin, des contre-analyses des engrais vendus par les établissements contrôlés ; accès constamment libre, pour le directeur de la station, des ateliers et magasins des fabriques contrôlées ; par là, garantie donnée aux acheteurs par les stations en ce qui concerne la fabrication ; publication régulière des analyses faites par les stations.

De la prise des échantillons d'engrais à analyser.

La première opération du contrôle, dans quelques conditions qu'il s'exerce, est la prise de l'échantillon à analyser ; cet échantillonnage, très-facile dans certains cas, présente des difficultés réelles dans d'autres, et doit être exécuté avec le plus grand soin. Ce que je vais dire à ce sujet s'applique également à la prise des échantillons sans le concours des stations, c'est-à-dire par les agriculteurs qui désirent adresser un engrais qu'ils ont acheté à un laboratoire où devra en être faite l'analyse.

On peut, d'après le degré d'homogénéité habituelle que présentent les engrais, les classer en deux groupes distincts : le premier comprend les sels ou produits non mélangés dont l'échantillonnage est assez facile, tels que sulfate d'ammoniaque, nitrate de potasse et de soude, chlorure de potassium indigène, poudre d'os, superphosphates ; dans le second se rangent, à côté, sels de Stassfurt (chlorures et sulfates), guanos, poudrettes, tous les mélanges de plusieurs matières fertilisantes en proportions variables, d'engrais ou soi-disant tels, qui portent les noms de leurs inventeurs, fabricants ou falsificateurs. L'échantillonnage devient ici d'autant moins facile que l'engrais provient du mélange d'un plus grand nombre de matières premières, le mélange intime de substances d'origine, de densité, d'humidité variables présentant, surtout en grand, des difficultés parfois insurmontables.

En règle générale, les cultivateurs intelligents proscrivent à juste titre, de leurs exploitations, tous ces mélanges, qui ne servent, la plupart du temps, qu'à rendre la fraude plus facile à pratiquer et plus difficile à découvrir. Ils achètent séparément le superphosphate, les matières azotées et les produits potassiques, et opèrent chez eux le mélange avant l'épandage des engrais. C'est une pratique qu'on ne saurait trop recommander ; elle présente toutes sortes d'avantages qu'il n'est pas inutile de mettre en relief. En premier lieu, elle supprime l'achat et les frais de transport de substances inertes ou relativement sans valeur, telles que sable, terre, sulfate de chaux, etc., constituant le tiers, la moitié ou les trois quarts du poids de certains engrais industriels.

Pour ne parler que des engrais dont les formules sont connues, prenons, par exemple, les mélanges G. Ville :

			Sulfate de chaux.	
L'engrais complet n°	1	renferme	29	pour 100
—	2	—	25	—
—	2 *bis*	—	23	—
—	3 et 3 *bis*	—	30	—
—	4	—	40	—
—	5	—	33	—
—	6	—	30	—
L'engrais incomplet n°	1	—	25	—
—	2 et 3	—	40	—

Quelle nécessité, dans la plupart des cas, de transporter de Nantes, de Bordeaux ou de Paris, dans les sols calcaires et dans les régions où abonde le sulfate de chaux, une quantité de plâtre variant de 23 à 40 pour 100 du poids du mélange, et dont il faut payer le port au même tarif que celui de l'azote, de l'acide phosphorique ou de la potasse. C'est bien assez pour l'agriculteur d'avoir à payer le transport de sulfate de chaux contenu dans les superphosphates, et qu'on n'en peut séparer, sans grever le prix des principes fertilisants du prix du plâtre et de son transport à grandes distances. Ce que je dis là des mélanges Ville, je puis le dire à bien plus forte raison des engrais dont la composition n'est pas publiée par les fabricants, et dans lesquels il n'est pas rare de rencontrer jusqu'à 60 et 80 pour 100 de substance absolument inerte.

Je conseille toujours, pour ma part, aux agriculteurs d'avoir recours, pour la fumure complémentaire de leurs sols, à des substances aussi pures, à des engrais aussi concentrés que possible. Tout le monde sait qu'avec des superphosphates, des phosphates précipités, des poudres d'os, des poudrettes de bonne qualité, des nitrates, des sulfates d'ammoniaque et des sels de potasse, on peut faire des mélanges tout aussi efficaces que la plupart des soi-disant engrais complets et cela à meilleur marché. Si cependant on tient à s'éviter la peine de préparer les mélanges à la ferme, on peut acheter des superphosphates azotés et potassés, c'est-à-dire des mélanges à doses déterminées d'acide phosphorique, d'azote et de potasse, mais il y a toujours avantage à repousser les préparations qui renferment des quantités notables de substances presque sans valeur, tels que le plâtre, dont il faut supporter les frais de transport sur un parcours plus ou moins long. Les cultivateurs qui, par routine, préfèrent ces mélanges aux matières premières pures, ressemblent à des consommateurs qui s'adresseraient de préférence, pour acheter du café, à l'épicier qu'ils savent y mêler de la chicorée. Si vous préférez le café à la chicorée au café pur, achetez séparément café et chicorée ; en pratiquant vous-même le mélange, vous y gagnerez encore.

Si les agriculteurs, comprenant enfin leurs véritables intérêts, se décident à ne demander à l'industrie que des produits définis et renfermant le moins possible de substances inertes, la prise des échantillons destinés à l'analyse sera singulièrement simplifiée. En attendant, il faut avoir recours, pour l'échantillonnage, à certaines précautions indispensables que je vais décrire :

Échantillon envoyé par les cultivateurs à un laboratoire d'analyse. — L'échantillon à analyser, devant autant que possible représenter la composition moyenne de l'engrais, devra être formé par le mélange intime de plusieurs prises d'essai. Supposons, pour fixer les idées, qu'un cultivateur désire connaître la composition d'un engrais dont il a acheté 1,000 kilogr., soit dix sacs ; il prendra dans chacun des sacs, à différentes profondeurs, deux ou trois échantillons d'engrais du poids de 0 k. 200 à 0 k. 300, déposera le tout sur une bâche en toile, le fera mélanger intimement à la pelle, et dans le mélange prélèvera 1 kilogr., qu'il divisera en deux parts égales placées dans deux flacons en verre bien propres, qu'il bouchera ensuite hermétiquement. Il enverra l'un de ces flacons cachetés au laboratoire et conservera l'autre par devers lui. Il ne faut jamais, comme le font trop souvent les cultivateurs, expédier un échantillon dans un sachet en toile ou dans une enveloppe en papier : outre que ce mode d'envoi ne met pas l'échantillon à l'abri de l'humidité, de l'eau et autres causes d'altération, il a l'inconvénient de ne pas présenter toutes les garanties désirables sous le rapport de l'authenticité. S'il s'agit d'un achat plus considérable, de cent ou deux cents sacs par exemple, au lieu de prélever l'échantillon dans chaque sac, ce qui lui paraîtrait trop long peut-être, l'acheteur pourra choisir au hasard un sac sur dix par exemple, soit dix ou quinze sacs, les faire vider sur l'aire de grange bien nettoyée, mélanger le tout à la pelle aussi complétement que possible et prélever, avec les précautions indiquées plus haut, dans divers points du tas, l'échantillon destiné à l'analyse. Ces opérations ne doivent pas être abandonnées aux soins des domestiques, le chef de l'exploitation y présidera lui-même et s'assurera qu'elles ont été faites avec tous les soins désirables. Les matières fertilisantes sont aujourd'hui à un prix tel, que le cultivateur ne doit pas reculer devant un peu de peine pour arriver à ne les payer qu'à leur valeur.

Il peut se présenter un autre cas, celui de la prise d'échantillon avant acceptation de l'engrais par l'acheteur. Ici les précautions précédentes ne sont pas la seule mesure à prendre, il faut que le cultivateur justifie de l'authenticité de l'échantillon et de sa provenance. La prise d'essai devra être faite soit à la gare d'arrivée, soit au lieu de déchargement des engrais, en présence de témoins. L'usage d'une sonde est généralement ce qu'il y a de mieux en pareil cas, il permet, sans nécessiter le maniement d'un nombre considérable de sacs, d'arriver à la préparation d'un échantillon moyen. On opère, comme je l'ai indiqué plus haut, le mélange de toutes les prises d'essai, on remplit les deux flacons, qui sont cachetés en présence de témoins; l'un d'eux est expédié, avec le procès-verbal, au chimiste chargé de l'analyse, l'autre reste entre les mains de l'acheteur, ou mieux est déposé à la mairie. Ce deuxième échantillon est destiné à servir à une nouvelle analyse, dans le cas de discussion entre le vendeur et l'acheteur au sujet de la première analyse. Je ne saurais trop insister sur les soins à apporter dans l'échantillonnage : à part des cas fort rares, les divergences que présentent les résultats analytiques obtenus par deux chimistes également habiles tiennent à la défectuosité de la prise d'essai. Lorsqu'il s'agit de mélanges complexes de matières fertilisantes, il y a beaucoup de chances pour qu'à l'usine déjà le mélange n'ait pas été obtenu bien homogène : la difficulté et, partant, les précautions à prendre pour l'échantillonnage sont augmentées d'autant. Les écarts, souvent notables, qui existent entre les résultats analytiques sont imputés, presque toujours à tort, aux chimistes chargés des analyses ; lorsque ceux-ci emploient les mêmes méthodes de dosage, les divergences ne sauraient être attribuées qu'à la dissemblance des échantillons soumis à leur examen.

VIII. — LE SYSTÈME DE CONTROLE DE LA STATION AGRONOMIQUE DE L'EST.

Il me reste à faire connaître le fonctionnement du contrôle tel qu'il est organisé à la station agronomique de l'Est, et les modifications à y apporter suivant que les fabriques et dépôts d'engrais sont ou non situés à proximité d'une station.

Après avoir pris, sur place, une connaissance exacte de l'organisation du contrôle dans les stations allemandes, j'ai pensé, dès 1868, qu'il y avait lieu d'introduire certains perfectionnements dans le système appliqué de l'autre côté du Rhin, notamment en ce qui concerne le contrôle des usines placées dans le voisinage d'une station. Je commencerai par décrire le contrôle de l'usine de M. Xardel, à Malzéville près Nancy ; ce système assure d'une façon absolue au fabricant ainsi qu'à l'acheteur les bénéfices du principe strict de la vente *ad valorem*. L'usine de M. Xardel livre à l'agriculture les engrais suivants :

1° Poudres d'os de différentes grosseurs ;

2° Superphosphates d'os sans azote;
3° Superphosphates d'os azotés ;
4° Phosphate de chaux précipité;
5° Sulfate d'ammoniaque;
6° Nitrate de potasse;
7° Nitrate de soude;
8° Chlorure de potassium.
9° Sulfate de potasse et de magnésie.

Les poudres d'os proviennent de la fabrique de boutons de M. Xardel; les superphosphates sont fabriqués avec les déchets d'os ou de noir animal de la même usine, additionnés ou non de matières azotées d'origine animale. Le phosphate précipité est obtenu dans la dégélatinisation des os. Le sulfate d'ammoniaque est un produit secondaire de la fabrique de noir de raffinerie. Les quatre dernières sortes d'engrais sont importées du dehors.

Toutes les fois qu'un lot important de chacun de ces engrais est prêt à être livré à l'agriculture, le mélange intime étant opéré et le tamisage effectué, on procède à la mise en sacs. Cette opération terminée, M. Xardel fait plomber tous les sacs à sa marque, après le plomb on introduit, dans les fragments de ficelle qui dépassent, une plaque de zinc portant le numéro d'ordre du contrôle pour l'année, puis un deuxième plomb destiné à recevoir l'empreinte de la pince de la station de l'Est. Les choses ainsi préparées, le directeur de la station se rend à l'usine et procède sur le lot d'une même espèce d'engrais, *provenant de la même opération*, à la prise de l'échantillon destiné à l'analyse qui fixera la valeur de l'engrais. L'échantillonnage se fait, suivant les cas, avec la sonde ou en mélangeant le contenu de quatre, cinq ou dix sacs et plus, suivant l'importance du lot. J'ai insisté suffisamment sur les précautions à prendre pour l'échantillonnage pour n'avoir pas à y revenir. Il me suffira de rappeler que cette opération, la plus importante de celles qu'exige le contrôle, doit toujours être effectuée avec le plus grand soin. La prise d'échantillon terminée, le directeur de la station fait serrer en sa présence les plombs dans les sacs avec une pince portant sa marque. D'ordinaire je prélève, pour chaque contrôle, environ 300 grammes d'engrais. De ces 300 grammes renfermés à l'usine dans un flacon de verre, une partie seulement est employée pour l'analyse, l'autre est immédiatement placée dans un flacon bouché et cacheté. Le flacon porte une étiquette sur laquelle on inscrit le nom de l'engrais, la date de l'analyse et le numéro du registre de la station auquel elle correspond. Cet échantillon est destiné à servir, en cas de contestation, à faire une nouvelle analyse. Il est conservé pendant un an au moins dans le laboratoire de la station.

A chacune des fabriques contrôlées, la station ouvre deux registres spéciaux : l'un, folioté comme un livre de commerce, est destiné à l'inscription des analyses et des échantillons prélevés pour le contrôle ; toutes les données analytiques s'y trouvent, et l'on peut y recourir en cas d'erreur ou de discussion sur l'analyse. L'autre est un registre à souche dont les deux moitiés sont identiques. Le spécimen de l'une de ces moitiés suffit à en faire saisir la disposition. (Voir ci-contre page 53.)

Lorsque l'analyse est terminée, on en transcrit le résultat sur le registre à souche, ainsi que la valeur de l'engrais exclusivement basée sur sa richesse en potasse, azote et acide phosphorique. Il est ensuite délivré à M. Xardel autant de duplicata qu'il en désire de chacun des contrôles. Ces duplicata, signés du directeur de la station, sont remis à l'acheteur lors de la livraison de l'engrais.

Ce mode de contrôle, fonctionnant depuis cinq ans, n'a donné lieu jusqu'ici à aucune sorte de réclamation de la

STATION AGRONOMIQUE DE L'EST, NANCY, MEURTHE-ET-MOSELLE.

STATION AGRONOMIQUE DE L'EST

N°

Contrôle de l'usine de M. XARDEL, à Malzéville.

Nature de l'engrais :
Quantité d'engrais contrôlée :
Date de l'analyse, le 187 .

COMPOSITION DE L'ENGRAIS.	En centièmes.		Valeur. Fr.	C.
Eau.				
Azote soluble				
Azote insoluble				
Acide phosphorique soluble				
Acide phosphorique insoluble (A).				
Acide phosphorique insoluble (B) (minéral).				
Potasse.				
Soude.				
Chaux				
Magnésie.				
Chlore				
Acide sulfurique.				
Acide nitrique.				
Matière insoluble, etc.				
TOTAL.				
VALEUR de l'engrais.				

Le Directeur de la Station agronomique de l'Est,

part des cultivateurs, dont les intérêts sont sauvegardés au même titre que ceux du fabricant.

Les acheteurs peuvent, s'ils le désirent, faire faire gratuitement à la station agronomique de l'Est des contre-analyses d'échantillons prélevés authentiquement sur les engrais qui leur ont été vendus par M. Xardel. Le cas jusqu'ici ne s'est pas présenté, le système de contrôle ainsi entendu ayant, paraît-il, inspiré toute confiance aux agriculteurs de la région.

Ce qui précède se rapporte exclusivement aux engrais

fabriqués chez M. Xardel; s'agit-il des produits importés à l'usine et revendus sans qu'ils aient subi de traitement, le mode de contrôle varie un peu, suivant que les engrais ont été vendus à M. Xardel ensachés ou non. S'ils arrivent en sacs du lieu de production ou d'extraction, ce qui est le cas des sels de Stassfurt, par exemple, l'échantillonnage se fait à l'aide de la sonde, en prélevant sur un grand nombre de sacs des échantillons qui sont ensuite mélangés intimement. Le plomb de la station est appliqué avec les mêmes précautions sur chacun des sacs. Si l'engrais est livré à M. Xardel par wagon ou tonneaux, il est, par ses soins, mélangé convenablement, tamisé si cela est nécessaire, mis en sac et plombé. On procède alors à l'échantillonnage, comme il a été dit plus haut.

Ce système de contrôle porte avec lui, on le voit, toutes les garanties désirables; il n'y a pas ici de vente sur titre approximatif, le prix de l'engrais étant établi uniquement sur la richesse réelle de ce dernier. Que la teneur en acide phosphorique, azote ou potasse des matières premières destinées à la fabrication de l'engrais varie de quelques centièmes, cela importe peu, puisque l'acheteur ne paiera que ce qu'il aura acheté, et que le vendeur percevra le prix du poids réel de chacun des principes fertilisants qu'il livrera. Ce système est, de tous ceux qu'on applique, le plus avantageux au fabricant honnête et à l'acheteur. Le seul inconvénient qu'il ait, inconvénient qui disparaîtra du jour au lendemain avec la création d'un nombre suffisant de stations, est de pouvoir être appliqué seulement dans un périmètre peu distant du siége d'une station. Cet inconvénient même est sensiblement atténué lorsqu'il s'agit d'usines importantes mettant à la fois en traitement de grandes quantités de matières premières, le directeur de la station chargée du contrôle pouvant très-bien se rendre deux ou trois fois par année dans une usine pour y prélever les échantillons et présider au plombage des sacs.

Tel est dans toute sa rigueur le système du contrôle absolu. Si l'on ne peut ou ne veut pas y recourir, il y a un moyen pour les stations d'offrir encore à l'agriculture des garanties aussi complètes; mais les intérêts des fabricants se trouvent un peu moins bien protégés. Au lieu de s'engager vis-à-vis de ses acheteurs à vendre ses engrais sur la base de leur richesse absolue en acide phosphorique, azote et potasse, comme le fait M. Xardel, le fabricant peut garantir une richesse déterminée en chacun de ces principes et baser le prix de l'engrais sur cette richesse. L'acheteur a droit, dans ce cas, à un chiffre minimum d'acide phosphorique, d'azote et de potasse; l'engrais peut avoir une richesse un peu supérieure à celle annoncée; il ne doit, en aucun cas être moins riche que l'indique la garantie. Pour faire mieux sentir la différence caractéristique de ces deux systèmes de contrôle, je vais prendre des exemples numériques.

Un cultivateur veut acheter 1,000 kilogr. de superphosphate azoté, par exemple; il s'adresse à M. Xardel, qui lui livre dix sacs de superphosphate contrôlé le 23 janvier 1873 et contenant :

Acide phosphorique soluble.	6.93 à 1f25	8f66
Acide phosphorique insoluble. . . .	6.25 à 0 80	5 00
Azote.	3.50 à 2 50	8 75
	Valeur des 100 kilogr.	22f41

L'acheteur paiera les 1,000 kilogr, 224 fr. 10, c'est-à-dire exactement ce qu'ils valent au cours du jour. De son côté, le fabricant recevra le prix de tout l'acide phosphorique et de la totalité de l'azote vendus par lui. Supposons maintenant qu'au lieu de s'adresser à l'usine de Malzéville, le cultivateur demande à un autre fabricant honnête, mais non contrôlé, le superphosphate azoté dont il a besoin. Ce fabricant lui vendra l'engrais à un prix fixe par 100 kilogr., avec une garantie d'une richesse minimum en acide phosphorique et en azote, en rapport avec le prix de vente établi à l'avance : soit, par exemple, pour fixer les idées, 7 pour 100 d'acide phosphorique soluble, 8 pour 100 d'insoluble et 3 pour 100 d'azote, le prix de l'engrais étant de 21 fr. les 100 kilogr.

7 kilog. acide phosphorique soluble à . . .	1f25	8f75
6 — — insoluble à . .	0 80	4 80
3 — azote.	2 50	7 50
Total.		21f05

L'acheteur, dans ces conditions, trouve donc son compte ; mais le fabricant qui tient à remplir ses engagements, et dont l'usine n'est pas contrôlée, doit, pour être certain de ne pas se trouver au-dessous de la garantie qu'il donne, s'arranger, dans l'incertitude où il est de la composition exacte de ses produits, de manière à livrer une matière un peu plus riche que ne l'indique son marché ; c'est, en effet, le cas qui se présente toujours quand on a affaire à des producteurs honnêtes. On voit dès lors que l'industriel est tout autant que l'agriculteur intéressé à admettre le principe absolu du contrôle, tel que je l'ai organisé le premier. L'augmentation des frais résultant, s'il est loin d'une station, du déplacement du directeur de la station ou de son représentant est largement compensée par le bénéfice qu'il trouve à être payé sur la richesse intégrale de l'engrais vendu. En effet, il est impossible, dans une fabrication sur une certaine échelle, d'arriver à produire des engrais d'un titre absolument déterminé. C'est ainsi, par exemple, que les grandes usines de Stassfurt admettent, dans leurs conditions de vente, des écarts de 3 à 4 pour 100 de potasse. Le directeur de la station, ou le chimiste chargé d'analyser les engrais vendus dans ces conditions, n'a à se préoccuper que d'une chose, déterminer si le taux d'acide phosphorique, d'azote ou de potasse contenu dans l'engrais atteint au moins le chiffre garanti. Il n'est tenu aucun compte au vendeur de l'excédant en matières fertilisantes trouvé dans l'engrais par le chimiste; si l'analyse décèle une teneur inférieure à un taux garanti, il va sans dire que le vendeur doit faire une diminution proportionnelle à la quantité d'acide phosphorique, d'azote ou de potasse manquant.

La prise de l'échantillon, dans ce cas, se fait comme dans l'autre, seulement la station n'ayant à garantir qu'un minimum et le vendeur s'engageant à faire, s'il y a lieu, une réfraction, le plombage des sacs par la station n'est plus indispensable, tandis que, dans le cas du premier système, on ne saurait s'en passer, puisque le prix de l'engrais est exclusivement basé sur l'analyse de la station.

C'est d'après ce dernier système que la station de l'Est contrôle les produits de la Patent-Kali du Dr Frank, de Stassfurt et ceux des usines de la Lawes Chemical Manure Company.

Quel que soit celui des deux systèmes de contrôle qu'on adopte, les intérêts de l'agriculture se trouvent complétement sauvegardés, ce qui est le point capital; en ce qui concerne les producteurs, ils sont meilleurs juges que moi de décider, d'après la situation de leurs usines, l'importance de leur fabrication, les méthodes suivies, auquel des deux systèmes ils doivent recourir. Le point fondamental qui doit se dégager de cette longue discussion, c'est que seuls les fraudeurs ont intérêt à rester en dehors du contrôle. En Allemagne, depuis la création des stations, l'acceptation du contrôle des fabriques et des dépôts est devenue une nécessité absolue pour tous les négociants qui se respectent : non-seulement un négociant honnête est conduit à réclamer le contrôle des stations pour se placer dans les conditions favorables de concurrence vis-à-vis des autres; mais il y serait amené, malgré lui, par la défaveur marquée qui atteint tout marchand d'engrais non contrôlé. Ne pas soumettre ses produits au contrôle des stations équivaut presque chez nos voisins, de la part de celui qui s'y refuse, à un aveu de malhonnêteté. Cela s'explique aisément si l'on se rappelle que non-seulement les stations chargées de contrôler telle ou telle fabrique font les analyses de tous les produits qui en sortent, mais qu'elles publient ces analyses régulièrement : or, le principe du contrôle en Allemagne étant exclusivement celui de la garantie d'un minimum d'acide phosphorique, d'azote, etc., si les écarts entre la richesse annoncée par le vendeur et la richesse réelle déterminée par le chimiste sont trop forts, si surtout le fait se reproduit plusieurs fois pour la même usine, la station est armée contre le fraudeur d'une façon plus dangereuse pour lui que les rigueurs d'une loi si dure qu'elle soit. Dans ces cas, le directeur de la station, en faisant connaître par la voie des journaux les fraudes tentées par le fabricant et leur importance, le dénonce au public agricole comme rayé désormais du nombre des usines que la station consent à contrôler. En lui décernant ainsi publiquement un certificat de fraudeur et de fripon, la station porte à un fabricant un coup dont il se relève rarement. Cette institution, ne la considérât-on qu'au point de vue de la fraude en matière d'engrais, peut donc être regardée comme une institution d'utilité publique au premier chef; la richesse agricole de la France égale en effet sa richesse industrielle (1), et tout ce qui tend à l'accroître

(1) Les statistiques officielles portent à 9 milliards et demi la valeur de la production industrielle et à 10 milliards environ la production agricole.

offre un intérêt général de premier ordre que l'État, pas plus que les particuliers, ne saurait sans danger méconnaître.

En me consacrant entièrement à l'introduction des stations agronomiques dans notre pays, en ne reculant devant aucun sacrifice de temps ou d'argent pour atteindre mon but, j'ai la confiance que je rends un véritable service à l'agriculture française ; j'ai de plus la certitude que je donne un exemple facile à suivre dès que les cultivateurs seront bien convaincus que leur intérêt est étroitement lié au développement de mon programme.

J'ai cherché vainement dans la volumineuse enquête sur les engrais industriels, dans les documents récents sur la statisque agricole et industrielle de la France et dans les autres publications officielles ou privées concernant l'agriculture de notre pays, quelques chiffres sur l'importance du commerce des engrais industriels. J'ai eu le regret de constater qu'à l'heure qu'il est on ne peut avoir aucune donnée sur cette branche d'une industrie chaque jour croissante. Il m'est donc impossible de calculer, comme j'aurais voulu le faire, au moins approximativement, l'importance numérique que peut avoir pour la France la répression de la fraude dans le commerce des engrais. Je ne ferai que répéter ce que chacun ne sait que trop, en affirmant qu'elle est énorme, et que c'est par millions peut-être qu'elle se chiffrerait, si les statistiques nous fournissaient les bases indispensables pour cette appréciation. En l'absence de tout chiffre, je crois pouvoir cependant, par une évaluation très-inférieure, j'en suis certain, à la réalité, montrer que la dépense annuelle nécessaire à l'entretien d'une station par département, ce qui est inutile, une station agronomique pouvant suffire aux besoins de trois ou quatre départements, n'atteindrait certes pas le chiffre des économies résultant, pour la grande culture, de la création de ces établissements.

Admettons un instant que la consommation totale des engrais industriels ne s'élève en moyenne, par an et par département, qu'au chiffre minime de 200,000 fr.; cela donnerait, pour la France entière, une dépense annuelle de 17,200,000 fr. Fixons l'écart entre la valeur réelle des engrais vendus et leur prix de vente à 5 pour 100 de ce prix, ce qui est manifestement hors de toute proportion avec la vérité, le contrôle appliqué aux engrais réaliserait, au bénéfice des acheteurs, une économie annuelle minimum de 860,000 fr., soit de 10,000 fr. par département. En admettant maintenant la création d'une station pour deux départements, l'économie réalisée par chacune d'elles sur le prix d'achat des engrais serait de 20,000 fr., chiffre plus que suffisant pour l'entretien du personnel et du matériel de la station la mieux dotée sous ce double rapport. Ces données sont loin d'être l'expression de la vérité, j'en suis certain, et c'est par millions plutôt que par centaines de mille francs que se chiffre la fraude annuelle commise dans le commerce des engrais au grand préjudice de l'agriculture; elles montrent cependant que, même sous le rapport pécuniaire, rien ne serait plus facile, si les agriculteurs se pénétraient bien de leurs intérêts, que d'arriver à créer des stations. Comme je le disais en commençant, le meilleur, l'unique moyen pour ainsi dire de mettre un frein à la fraude éhontée dont les agriculteurs sont chaque jour victimes, dans une mesure plus ou moins grande, consiste à provoquer, aider, hâter la création de stations agronomiques. La loi sur les engrais est restée lettre morte; à l'initiative de chacun des intéressés de substituer à son application un système de contrôle devant lequel ne peut tenir longtemps aucun fraudeur, si habile qu'il soit.

Arrivé à la fin de la tâche que j'ai cru devoir remplir, je vais résumer en quelques propositions les faits et les arguments contenus dans cette étude. Je les recommande à la méditation des agriculteurs : d'eux seuls dépend de mettre fin à un état de choses qui blesse autant la morale publique que les intérêts matériels de l'agriculture. Les cultivateurs, propriétaires et fermiers, ne sauraient trop se pénétrer des vérités mises en lumière, je crois, dans ce qui précède.

Les engrais industriels étant devenus, par suite du développement de la culture intensive, un complément indispensable des fumures de ferme, ont atteint un prix assez élevé pour offrir à la fraude un appât considérable. De toutes les matières commerciales, il n'en est pas qui soit sujette à des falsifications plus éhontées et plus complètes. Certains engrais sont vendus à des prix qui excèdent de 10, de 20, de 100, de 1,000 pour cent leur valeur réelle. Parfois même on rencontre dans le commerce des soi-disant engrais exclusivement formés de substances inertes, sans aucune valeur par conséquent, et vendus de 10 à 30 fr. les 100 kilogr. L'unique moyen de constater la falsification des engrais est l'analyse chimique, puisque la couleur, l'aspect physique, la densité ne renseignent pas du tout sur la valeur d'un engrais. Les agriculteurs désireux de se soustraire aux mécomptes financiers et culturaux qu'entraînent avec eux l'achat et l'emploi d'engrais falsifiés ou vendus au-dessous de leur valeur doivent prendre les résolutions suivantes :

1° S'adresser, pour tous les achats d'engrais, aux industriels contrôlés par la station ou livrant leurs produits à prix déterminés d'après leur richesse en principes fertilisants ;

2° Refuser invariablement toutes les offres d'engrais à *quelque prix que ce soit* et quelque confiance que puisse en apparence mériter le vendeur, si celui-ci ne s'engage pas : premièrement, à lui donner par écrit la garantie que l'engrais vendu à un prix stipulé dans la facture contient tant d'acide phosphorique, d'azote et de potasse pour cent;

deuxièmement, à lui fournir une analyse signée par le chimiste qui l'a faite; troisièmement, à faire sur le prix de vente une réduction proportionnelle aux quantités d'acide phosphorique, d'azote et de potasse qui viendraient à manquer;

3° Signaler au public agricole et déférer aux tribunaux les fraudeurs qui exploitent les campagnes.

A côté de l'initiative individuelle des cultivateurs, les associations agricoles, imitant en cela la société centrale de Meurthe-et-Moselle, devraient prendre sous leur patronage les fabriques et dépôts d'engrais contrôlés ou vendus sur titre, insérer les noms et les adresses des fabricants dans leurs recueils périodiques et publier, avec pièces à l'appui, chaque fois que l'occasion s'en présenterait, les noms des fraudeurs exerçant dans leur ressort leur coupable industrie.

Quand chacun sera bien pénétré de la nécessité d'agir ainsi, et surtout de l'efficacité des moyens que je propose en vue de réprimer la fraude, cela en sera fait des vols auxquels donne lieu le commerce des engrais. On ne verra plus d'immenses fortunes se faire, aux dépens de l'agriculture, par la vente de tourbe pulvérisée et torréfiée, livrée pour du noir de raffinerie, du sable pour de la poudrette, etc. Avec la centième partie des bénéfices illicites réalisés par les fraudeurs, on couvrirait la France de stations agronomiques. Aux cultivateurs à voir s'ils préfèrent laisser le champ libre aux faiseurs à se donner quelque peine pour les démasquer. Je leur ai montré le danger en leur indiquant les moyens efficaces de le combattre, à eux d'aviser. Ce que je puis leur promettre, et ce sera mon dernier mot, c'est qu'ils me trouveront toujours prêt, s'ils le jugent utile, à les aider dans la poursuite de cette tâche que je regarde à bon droit comme l'une des plus importantes des stations agronomiques.

IX. — LE GUANO DU PÉROU.

LETTRE DE MM. DREYFUS ET Cie. — RÉPONSE A CETTE LETTRE.

Lorsque je me suis résolu à examiner, en la serrant de près, la question des engrais industriels, j'étais convaincu de l'importance du sujet; j'avais la certitude qu'une étude de ce genre, appuyée exclusivement sur des faits, répondrait aux justes préoccupations d'un grand nombre d'agriculteurs. Je ne me suis pas trompé, à en juger par les nombreuses lettres qui, de la France et de l'étranger, sont venues me prouver l'utilité de l'examen critique auquel je me livre. Je remercie mes honorables correspondants des témoignages de sympathie que m'apportent leurs lettres, témoignages d'autant plus précieux pour moi que la tâche entreprise est passablement ingrate. En matière scientifique, j'ai toujours eu pour principe que, contrairement au proverbe, toute vérité est bonne à dire et doit être dite pourvu qu'elle le soit dans des termes convenables et que l'écrivain, en abordant le terrain de la polémique, n'avance rien qu'il ne puisse prouver.

Les attaques dirigées par moi et par d'autres contre les engrais vendus sans garantie et en particulier contre le guano du Pérou n'auraient-elles abouti qu'aux déclarations et à la publication d'analyses faites récemment par MM. Dreyfus et Cie, seuls concessionnaires du gouvernement péruvien, que la campagne ne demeurerait pas stérile. La question du guano entre, par le fait, dans une phase nouvelle. Au silence complet gardé jusqu'ici par les concessionnaires sur la richesse des produits livrés par eux, succède la publication de nombreuses analyses dont je m'occuperai tout à l'heure et qui me fourniront un argument puissant à ajouter à tous les autres pour réclamer la vente exclusive du guano péruvien sur titre garanti.

Avant de discuter la communication adressée le 21 mai dernier à la Société centrale d'agriculture par MM. Dreyfus et Cie, je dois donner à mes lecteurs connaissance de la lettre que ces honorables négociants m'ont adressée, en la faisant suivre de quelques observations.

A la date du 4 juin, MM. Dreyfus et Cie m'ont écrit la lettre suivante :

Monsieur,

Nous avons l'honneur de vous adresser la présente pour vous donner certains éclaircissements et vous prier d'accueillir quelques rectifications relativement au guano du Pérou, dont vous entretenez vos lecteurs dans un article intitulé : *Engrais industriels et le contrôle des stations agronomiques*, et publié dans les numéros des 22 et 29 mai du *Journal d'Agriculture pratique*.

A propos du prix de vente du guano du Pérou, vous donnez les résultats d'analyses faites par vous sur quatre échantillons qui vous ont été fournis par M. E. Boursier, secrétaire de la Société des agriculteurs de France et agriculteur à Chevrières (Oise).

Le premier échantillon a été prélevé sur un lot de guano vendu par M. Bonpain-Vandercolme, de Dunkerque, et les trois autres sur trois lots vendus par M. Nocq, de Noyon, et vous constatez qu'à part le premier lot, les autres ont été vendus au-dessous de leur valeur.

Ces échantillons vous ayant été fournis par M. Boursier, nous nous sommes aussitôt adressés à lui pour lui demander à quelle époque M. Bonpain-Vandercolme et M. Nocq avaient vendu ce guano.

Notre lettre n'ayant pas trouvé M. Boursier à son domicile, nous avons reçu sa réponse tardivement, ce qui explique le retard que nous avons mis nous-mêmes à nous adresser à vous. Nous vous prions de remarquer, Monsieur, que nous ne sommes en possession de l'affaire guano, en France, que depuis le 1er janvier 1873, et que tout fait croire, dans votre article, que le guano sur lequel vos analyses ont été faites a été vendu sous notre administration.

Or, si nous n'avons rien à dire du guano livré par M. Bonpain-Vandercolme, à qui nous avons en effet vendu du guano à différentes reprises depuis le 1er janvier, et dont la valeur trouvée par vous est supérieure au prix de vente, il n'en est pas de même de celui de M. Nocq, à qui nous n'avons jamais *vendu un kilogramme de guano.* Il n'est donc pas juste de laisser supposer, en parlant de ce guano, que c'est du guano du Pérou vendu par nous, d'où l'on déduirait que les analyses du guano vendu par M. Nocq seraient des analyses de guano sorti de nos magasins.

Nous ignorons où M. Nocq s'est procuré ce guano ; mais il nous semble certain, d'après l'analyse, que le guano vendu par lui n'est pas du guano pur du Pérou. C'est donc lui qui doit être mis directement en cause, et c'est à lui à se justifier.

Quant à nous, nous mettons, Monsieur, à votre disposition nos magasins, à Dunkerque, le Hâvre, Nantes et Bordeaux, ainsi que le guano de nos navires actuellement en décharge, et vous autorisons à y faire prendre, à votre convenance, des échantillons sur lesquels vous pourrez faire des analyses concluantes.

Les analyses faites sur du guano du Pérou pris en dehors de nos magasins et ayant déjà passé par plusieurs mains courent un grand risque de ne pas représenter les véritables éléments composant le guano du Pérou.

Car, quels que soient nos efforts pour que le guano arrive à l'agriculture tel qu'il est importé et tel que nous le vendons, nous ne pouvons malheureusement pas empêcher que certains revendeurs ne le falsifient avant de le livrer à la consommation.

Nous vous remettons, à titre de renseignements, copies d'analyses faites, à Nantes, sur le guano du navire *Argos*, récemment emmagasiné, et sur celui du navire *Lizzie Fennell*, en ce moment en décharge, analyses faites par M. Bobierre, directeur du laboratoire départemental de la Loire-Inférieure, et par MM. Leclaire et Séméville. Nous sommes très-partisans des stations agronomiques pour l'essai gratuit des engrais achetés par les agriculteurs, et nous verrons avec plaisir qu'elles se multiplient par toute la France. Nous leur donnerons volontiers tout notre concours.

Nous considérons que le plus grand service que l'on puisse rendre à l'agriculture française, c'est de la protéger contre les abus qui se commettent chaque jour davantage dans la vente des engrais, et que les stations agronomiques sont appelées à réprimer efficacement.

Nous vous prions, Monsieur, de vouloir bien rectifier l'erreur involontaire de votre part qui donne, comme du guano provenant de nos magasins, le guano vendu par M. Nocq et analysé par vous.

Nous attendons avec confiance cette rectification de votre impartialité, et nous vous prions d'agréer, Monsieur, nos salutations distinguées.

DREYFUS frères et Cie.

La lettre qu'on vient de lire contient, à côté de la rectification relative à la provenance du guano vendu par M. Nocq, dont je donne acte à MM. Dreyfus, une déclaration que j'enregistre non moins volontiers. Les concessionnaires du gouvernement péruvien reconnaissent que le plus grand service que l'on puisse rendre à l'agriculture française est de la protéger contre les fraudes en matière d'engrais; ils proclament l'efficacité des stations agronomiques; ils assurent leur concours à ces établissements; de là à adopter sans délai le principe du contrôle des engrais par les stations, il n'y a qu'un pas. Ce pas, pour être conséquents, MM. Dreyfus doivent le franchir sans hésitation : il faut qu'ils acceptent et fassent accepter par le gouvernement dont ils représentent les intérêts financiers, le principe exclusif de la vente sur titre du guano. L'agriculture n'a pas à s'immiscer dans les combinaisons financières du Pérou, elle n'a pas à rechercher si la vente sur titre du guano entre ou non dans ses arrangements; il ne lui importe pas davantage de savoir si les conventions intervenues entre les gouvernants de ce pays et ses concessionnaires pour l'Europe permettent la vente sur richesse déterminée en azote et en acide phosphorique. Ses intérêts sont la seule considération qui la puisse guider dans cette circonstance. Doit-elle acheter les yeux fermés et sans garantie aucune un engrais si bon qu'il puisse être, ou bien est-elle en droit de tenir au gouvernement péruvien, négociant en engrais, le langage que je l'exhorte à adresser à tous les fabricants qui lui offrent leurs produits ? Là est toute la question. Incontestablement, l'agriculteur qui se présente chez les concessionnaires du gouvernement péruvien a le droit de leur dire comme à tous les autres négociants : « Vendez-moi vos produits sur analyse, je les payerai ce qu'ils valent; si leur richesse en azote et en acide phosphorique est telle que les 100 kil. de guano valent, au cours du jour, 37 fr. au lieu de 36, prix auquel vous me les offrez, je payerai le guano 37 fr.; mais s'il ne vaut que 29 ou 30 fr., c'est le prix auquel vous me le livrerez. »

En acceptant loyalement et en appelant même l'analyse par les stations agronomiques des engrais vendus à un agriculteur, MM. Dreyfus ne peuvent avoir en vue d'autre but que la démonstration, par un tiers désintéressé, de la bonne qualité de leurs produits. Soumettre le guano vendu par eux au contrôle d'un chimiste ne peut avoir qu'une signification, cela du moins me paraît ainsi. Cette signification est la suivante: Si le guano que je vous ai vendu ne vaut pas, d'après l'analyse qui en sera faite, le prix que nous en demandons, nous vous ferons une réfraction proportionnelle à l'écart entre la valeur réelle et le prix de vente. S'il n'en est pas ainsi, de quoi servira l'analyse? De rien du tout. Je me trompe, elle tournera directement contre l'intérêt des vendeurs; il suffirait, en effet, que pour des causes auxquelles, je m'empresse de le reconnaître, la fraude serait complétement étrangère, les guanos vendus par MM. Dreyfus et analysés dans une station fussent trouvés de composition telle que leur valeur n'atteignît pas le prix de vente, pour que, les vendeurs n'admettant pas de réduction dans le prix, l'acheteur renonçât à tout jamais à l'achat de guano. Une loi qui n'a pas de sanction reste lettre morte, un contrôle d'engrais qui n'aurait pas pour base l'établissement du prix de l'engrais sur sa richesse, ne signifierait rien, il tournerait infailliblement contre le vendeur.

Il est impossible, je le répète, que les concessionnaires du gouvernement péruvien n'arrivent pas, en y réfléchissant, après les déclarations si nettes contenues dans leur lettre, à admettre sans réserve le principe du contrôle : ce jour-là ils couperont court aux nombreuses et justes plaintes portées par les agriculteurs dans les journaux, dans les sociétés d'agriculture, dans la session générale des agriculteurs de France en 1872, contre le guano du Pérou, plaintes se traduisant toutes à peu près de la même manière : Le guano du Pérou est vendu à un prix trop élevé eu égard à sa richesse variable.

Le guano étant un bon engrais, il est à désirer que l'agriculture puisse continuer à l'employer, et lorsque les détenteurs du monopole de cette précieuse matière le voudront, ils trouveront ceux qui, comme moi aujourd'hui, partant du principe absolu du contrôle, engagent les agriculteurs à lui préférer les superphosphates et les sulfates d'ammoniaque vendus sur titre, tous prêts à en recommander l'emploi aux praticiens. Quatre lignes insérées dans les journaux agricoles rendront au guano la faveur méritée dont jouissent les engrais contrôlés. — Que MM. Dreyfus publient la déclaration suivante, et tout sera dit : « A dater d'aujourd'hui, les concessionnaires du gouvernement péruvien pour l'Europe placent les guanos vendus par eux sous le contrôle des stations ou laboratoires agricoles : le prix de vente sera fixé d'après la richesse en azote et en acide phosphorique. » Ou bien encore, s'ils préfèrent cette formule à la première : « Nous garantissons que le guano vendu tel prix par nous contient tant d'azote et tant d'acide phosphorique par 100 kilogr. Dans le cas où l'analyse indiquerait des quantités d'azote ou d'acide phosphorique inférieures à plus de 1/2 pour 100 au titre garanti, nous nous engageons à faire une réduction de tant par kil. d'azote et tant par kil. d'acide phosphorique manquants. »

A dater de ce moment, plus de discussion, plus de mécomptes pour la culture, plus de critique. Une semblable détermination de la part de MM. Dreyfus et Cie serait accueillie avec faveur par les agriculteurs; ils y verraient un hommage rendu par une maison considérable au seul principe de transaction équitable en matière d'engrais, la vente *ad valorem*. Elle leur donnerait en outre confiance parfaite dans la loyauté du gouvernement péruvien, venant leur dire par l'organe de ses concessionnaires : « J'ai le monopole du guano, c'est pour moi une source importante de revenus, je ne puis pas, la science me le démontre, garantir une richesse toujours identique à elle-même dans les produits que je vous offre; je reconnais que pour cette raison le guano ne saurait être vendu à un prix invariable, l'équité voulant que vous et moi y trouvions notre compte. J'accepte franchement le principe du contrôle; le prix de nos produits sera désormais établi concurremment sur leur richesse en azote et en acide phosphorique et sur la valeur courante de ces principes fertilisants. Ce qu'admettent tous les fabricants honnêtes, je l'accepte avec empressement; il n'y a, je le reconnais, dans le guano aucune qualité occulte qui fasse que l'azote et l'acide phosphorique doivent y être vendus plus chers que dans le superphosphate et dans le sulfate d'ammoniaque. » Il me semble impossible que, pour rester conséquents avec leurs déclarations, MM. Dreyfus et Cie ne comprennent pas qu'ils doivent arriver à tenir prochainement un langage analogue. Ceux de nos lecteurs qui ont présente à l'esprit la circulaire publiée le 1er janvier 1873 par les agents financiers du Pérou, remarqueront que, dans leur lettre du 4 juin, ces messieurs font déjà une concession en opposition complète avec les termes de cette circulaire. Ils disaient en effet au 1er janvier: « Toute faculté étant réservée à l'acheteur d'examiner le guano dans les magasins et d'assister au pesage, aucune réclamation ne sera admise après la livraison. » Dans leur lettre, au contraire, ils se déclarent « *très-partisans des stations agronomiques pour l'essai gratuit des engrais achetés par les agriculteurs.* »

En bonne logique, cela veut dire qu'ils admettront désormais les réclamations fondées sur les analyses de guanos faites sur des échantillons après la sortie de leurs magasins, autrement cela ne voudrait rien dire du tout. Nous sommes donc, je l'espère, MM. Dreyfus et moi, très-près de nous entendre sur la question fondamentale de la vente sur titre. Encore un pas et le guano du Pérou sera inscrit sur la liste des engrais contrôlés ; les détenteurs du monopole y sont les premiers, j'allais dire les seuls intéressés, car, à cette condition seulement, le guano pourra lutter à armes égales contre les autres sources d'azote et d'acide phosphorique qu'on peut en toute conscience recommander aux cultivateurs. Y a-t-il des motifs secrets qui s'opposent à ce que le gouvernement péruvien entre dans la voie qu'appellent de leurs vœux, j'en suis le garant, tous les fabricants honnêtes ? Je l'ignore, mais je vais lui prouver, à l'aide des chiffres publiés par MM. Dreyfus mêmes, que son intérêt, de même que l'équité, l'y poussent énergiquement.

MM. Dreyfus ne pouvaient mieux faire, à tous les points de vue, que de publier les analyses dont la Société centrale d'agriculture a reçu d'eux communication dans la séance du 21 mai dernier. Le tableau qui les résume permet des rapprochements très-instructifs et qui montrent à l'évidence la connexité des intérêts auxquels le principe du contrôle donne une égale et complète satisfaction.

J'ai relevé, dans ce tableau, cent cinquante-neuf analyses de guano importé en Europe dans les années 1871, 1872 et 1873, et j'ai calculé la teneur moyenne en azote et en acide phosphorique de ces cent cinquante-neuf échantillons. Cela m'a donné :

	Pour 100 kilogr.
Azote (moyenne)	10k82
Acide phosphorique (moyenne)	13 82

L'azote étant dosé en bloc, c'est-à-dire sans distinction de l'état de solubilité, je prends pour base du calcul de la valeur moyenne des 100 kilogr. de guano d'après ces analyses, le prix de l'azote insoluble (2 fr. 50 le kilogr.) et 0 fr. 80 le kilogr. pour l'acide phosphorique. Si les analyses publiées indiquaient, comme les miennes, les proportions respectives d'azote soluble et d'azote insoluble, la valeur calculée du guano serait plus élevée que celle que je vais indiquer, l'azote soluble ayant toujours une valeur vénale supérieure à celle de l'azote insoluble. La base que j'adopte forcément pour mes calculs rendra donc encore mon argument plus saisissant en ce qui concerne l'intérêt des concessionnaires à vendre sur titre.

Au cours actuel de l'azote et de l'acide phosphorique, un guano présentant la composition moyenne de l'ensemble des lots vendus de 1871 à 1873, vaudrait :

10kg08 azote à 2 fr. 50 le kilogr.	27f00
13 32 acide phosphorique à 0 fr. 80 le kilogr. . .	10 66
Total.	37f66

soit 376 fr. 60 la tonne ; or, au détail, par quantités inférieures à 30,000 kilogr., MM. Dreyfus et Cie vendent le guano 361 fr. 50 la tonne. Il y a donc un écart de 15 fr. 50 par tonne au détriment des vendeurs sur l'ensemble de leurs ventes. Est-il à dire qu'on doive inférer de là que les acheteurs, qui de deux sacs, qui de dix, qui de cinq cents de guano, ont payé le guano moins cher qu'il ne valait ? En aucune façon. Les uns ont pu bénéficier de quelque chose, les autres ont perdu, mais il n'y a ici de compensation pour personne. Les vendeurs ont livré à un prix moyen un peu inférieur à la valeur moyenne réelle de l'engrais, les acheteurs ont acheté, les uns à la valeur réelle, les autres trop bon marché, les derniers enfin trop cher les guanos qu'ils ont employés.

Quelques chiffres, pris dans les analyses d'un même chargement de guano (navire *Harald I*, 3 octobre 1872), vont rendre sensibles les écarts énormes que peut présenter la composition des guanos puisés dans le même lot.

Sur le guano du chargement *Harald I*, provenant de l'île Macabi, il a été prélevé, le 3 octobre 1872, dix-sept échantillons qui ont été analysés isolément. Voici, par ordre de valeur réelle en argent, la composition de ces dix-sept échantillons :

100 *kilogr. guano renferment*

	Azote.	Acide phosphorique.	Valeur des 100 kilog.
1	13k38	9k30	42f39
2	15 58	3 36	41 63
3	13 27	9 34	40 64
4	10 66	12 32	36 51
5	10 78	11 86	36 44
6	10 78	11 86	36 44
7	10 66	12 14	36 30
8	10 61	12 22	36 30
9	10 59	12 21	36 24
10	10 74	11 36	36 10
11	10 50	11 87	35 59
12	10 46	11 42	35 53
13	10 24	12 12	35 29
14	13 78	8 42	31 23
15	9 45	8 95	30 70
16	9 24	5 16	27 23
17	4 45	5 22	15 30

En comparant ces chiffres entre eux, on voit :

1° Que la valeur moyenne de 100 kilogr. de guano, calculée sur les bases adoptées plus haut, ressort pour le chargement à 34 fr. 65, chiffre inférieur au prix moyen de vente;

2° Que, suivant les lots, elle varie de 15 fr. 30 à 42 fr. 39, c'est-à-dire presque dans le rapport de 1 à 3;

3° Que la richesse en azote varie de 4k,45 à 13k,38 p. 100; celle en acide phosphorique de 5k,22 à 12k,32 p. 100. Il suit de là que ce que j'ai dit, dans un précédent article, reste absolument vrai : que le hasard seul décidera de la richesse du guano qu'achèteront divers cultivateurs; puisqu'un même bateau renferme des parties valant 15 fr. 30, d'autres 27 fr. 23, d'autres 35 fr., 36 fr., et enfin quelques-uns atteignant ou dépassant une valeur de 42 fr. les 100 kilogr.

Je n'aurais pu mieux choisir les échantillons, l'eussè-je fait moi-même, pour étayer mon opinion à l'endroit du contrôle. Cet argument, tiré de la composition, et par conséquent de la valeur essentiellement variable d'un même lot important de guano, est la condamnation formelle du système de vente seul admis jusqu'ici par les concessionnaires du Pérou. Peu importe que, sur les ventes de deux ou trois années, l'équilibre s'établisse, cela ne fait pas le compte de l'agriculteur; il serait fort imprudent, en courant la chance de tomber sur un lot valant 42 fr. 39 les 100 kilogr., alors qu'on ne lui vend que 36 fr. 15, de s'exposer à acheter le lot voisin valant 15 fr. 30 seulement. Ces chiffres, pour ceux qui les voudront examiner sans parti pris, jugent la question; puissent-ils, ce que je désire, amener MM. Dreyfus à passer de l'amour platonique pour les stations à un acquiescement formel au système de contrôle qu'elles offrent. En prenant ce parti, le meilleur auxquels ils puissent s'arrêter, ils montreront, mieux que par toutes les publications et déclarations, que le gouvernement dont ils sont les agents financiers tient à honneur de suivre l'exemple des grandes usines de France, d'Angleterre et d'Allemagne, en adoptant le seul système conforme à la fois à l'équité et aux intérêts bien entendus des parties contractantes, la vente sur analyse et avec garantie.

COMPOSITION CENTÉSIMALE MOYENNE

DES ENGRAIS LES PLUS IMPORTANTS.

DÉSIGNATION DES ENGRAIS.	Eau.	Substance organique.	Cendres.	Azote.	Potasse.	Soude.	Chaux.	Magnésie.	Acide phosphorique.	Acide sulfurique.	Silice et sable.	Chlore et fluor.
I. — Déjections animales												
1,000 k contiennent :												
Excréments frais :												
Cheval	757	211	31,6	4,4	3,5	0,6	1,5	1,2	3,5	0,6	19,6	0,2
Bêtes à cornes	888	145	17,2	2,9	1,0	0,2	3,4	1,3	1,7	0,4	7,2	0,2
Mouton	655	314	31,1	5,5	1,5	1,0	4,6	1,5	3,1	1,4	17,5	0,3
Porc	820	150	30,0	6,0	2,6	2,5	0,9	1,0	4,1	0,4	15,0	0,3
Urine fraîche :												
Cheval	901	71	28,0	15,5	15,0	2,5	4,5	2,4	—	0,6	0,8	1,5
Bêtes à corne	938	35	27,4	5,8	14,9	6,4	0,1	0,4	—	1,3	0,3	3,8
Mouton	872	83	45,2	19,5	22,6	5,4	1,6	3,4	0,1	3,0	0,1	6,5
Porc	967	28	15,0	4,3	8,3	2,1	—	0,8	0,7	0,8	—	2,3
Fumier frais avec litière :												
Cheval	713	254	32,6	5,8	5,3	1,0	2,1	1,4	2,8	0,7	17,7	0,4
Bêtes à cornes	775	203	21,8	3,4	4,9	1,4	3,1	1,1	1,6	0,6	8,5	1,0
Mouton	646	318	35,6	8,3	6,7	2,8	3,3	1,3	2,3	1,5	14,7	1,7
Porc	724	250	25,6	4,5	6,0	2,0	0,8	0,9	1,9	0,8	10,8	1,7
Fumier ordinaire :												
Frais	710	246	44,1	4,5	5,2	1,5	5,7	1,4	2.1	1,2	12,5	1,5
Assez consommé	750	192	58,0	5,0	6,3	1,9	7,0	1,8	2,6	1,6	16,8	1,9
Très-consommé	790	145	65,0	5,8	5,0	1,3	8,8	1,8	3,0	1,3	17,0	1,6
Purin	982	7	10,7	1,5	4,9	1,0	0,3	0,4	0,1	0,7	0,2	1,2
Excréments humains, frais	772	198	29,9	10,0	2,5	1,6	6,2	3,6	10,9	0,8	1,9	0,4
Urine humaine, fraîche	963	24	13,5	6,0	2,0	4,6	0,2	0,2	1,7	0,4	—	5,0
Mélange des deux, frais	933	51	16,0	7,0	2,1	3,8	0,9	0,6	2,6	0,5	0,2	4,0
Vidanges, en majeure partie liquide	955	30	15,0	3,5	2,0	4,0	1,0	0,6	2,8	0,4	0,2	4,3
Fumier frais de pigeons	519	308	173,0	17,6	10,0	0,7	16,0	5,0	17,8	3,3	20,2	—
— poules	560	255	185,0	16,3	8,5	1,0	24,0	7,4	15,4	4,5	35,2	—
— canards	563	262	172,0	10,0	6,2	0,5	17,0	3,5	14,0	3,5	28,0	—
— oies	771	134	95,0	5,5	9,5	1,3	8,4	2,0	5,4	1,4	14,0	—
II. — Engrais concentrés												
100 k contiennent :												
Guano du Pérou	14,8	51,4	33,8	13,0	2,3	1,4	11,0	1,2	13,0	1,0	1,7	1,3
Guano de poisson, norvégien	12,6	53,4	34,0	9,0	0,3	0,9	15,4	0,6	13,5	0,3	1,6	1,1
— Prusse orientale	12,0	57,9	30,1	7,1	0,2	0,6	12,5	0,5	10.1	0,4	5,0	0,8

OBSERVATIONS.

La composition des déjections animales, tant solides que liquides, est, comme on le sait, très-variable et dépend surtout de la composition des aliments consommés; les nombres inscrits ici ne doivent servir qu'à donner le caractère général des engrais auxquels ils correspondent et ne peuvent être utilisés que comme base d'un calcul approximatif.

On admet, pour le fumier frais avec litière qu'un tiers de l'urine produite par les chevaux, le gros bétail et les porcs, coule de l'étable et se réunit dans la fosse à purin. On a calculé par jour comme litière : 3 kil. par cheval, 4 kil. par tête de gros bétail, 2 kil. par porc et 0k300 par mouton, de paille de blé.

DÉSIGNATION DES ENGRAIS.	Eau.	Substance organique.	Cendres.	Azote.	Potasse.	Soude	Chaux.	Magnésie.	Acide phosphorique.	Acide sulfurique.	Silice et sable.	Chlore et fluor.	OBSERVATIONS.
Guano Granat	17,2	49,0	33,8	8,2	1,8	1,6	11,3	0,6	3,0	0,4	10,7	1,0	
Excréments humains traités par la méthode de Müller-Schür	24,0	27,0	49,0	2,0	0,9	1,0	18,6	0,5	2,1	1,0	5,4	1,5	
Animaux tombés en poussière	5,7	56,9	37,4	6,5	0,3	0,8	18,2	0,4	13,9	1,0	1,7	0,2	
Tendons pulvérisés	27,8	56,6	15,6	9,7	—	—	7,0	0,3	6,3	0,1	1,1	—	
Sang desséché	14,0	79,0	7,0	11,7	0,7	0,6	0,7	0,1	1,0	0,4	2,1	0,4	
Corne pulvérisée	8,5	68,5	25,0	10,2	—	—	6,6	0,3	5,5	0,9	11,0	—	
Poudre d'os	6,0	33,3	60,7	3,8	0,2	0,3	31,3	1,0	23,2	0,1	3,5	0,3	
— tirée des parties dures	5,0	31,5	63,5	3,5	0,1	0,2	33,0	1,0	25,2	0,1	3,0	0,2	
— tirée des parties molles	7,0	37,3	55,7	4,0	0,2	0,3	29,0	1,0	20,0	0,1	3,5	0,2	
Charbon d'os pur	6,0	10,0	84,0	1,0	0,1	0,3	43,0	1,1	32,0	0,4	5,0	—	
	10,0	6,0	84,0	0,5	0,1	0,2	37,0	1,1	26,0	0,4	15,0	—	
Cendres d'os	6,0	3,0	91,0	—	0,3	0,6	46,0	1,2	35,4	0,4	6,5	—	
Baker-guano	10,0	9,0	81,0	0,5	0,2	1,2	41,5	1,5	34,8	1,5	0,8	0,3	
Guano de Jarvis	11,8	8,2	80,0	0,4	0,4	0,3	39,1	0,5	20,6	18,0	0,5	0,2	
Phosphate-Sombrero	8,5	—	91,5	0,1	—	0,8	43,5	0,6	35,0	0,5	1,0	0,6	
Apatite d'Estramadure	0,6	—	—	—	0,7	0,3	48,1	0,1	37,6	0,2	9,0	1,5	
Phosphate-Navassa	2,6	5,4	92,0	0,1	—	—	37,5	0,6	33,2	0,5	5,0	0,1	
Phosphorite de Nassau, riche	2,6	—	97,4	—	0,8	0,4	45,1	0,2	33,0	0,3	5,5	3,1	
— moyenne	2,5	—	97,5	—	0,7	0,4	40,1	0,2	24,1	—	20,8	1,5	
Phosphorite de Westphalie	6,5	1,6	91,9	—	—	—	21,8	0,9	29,7	1,0	22,0	1,6	
— de Hanovre	2,0	3,5	94,5	—	—	—	37,2	0,2	19,2	0,5	3,3	1,5	
Phosphate tribasique de chaux	40,0	—	60,0	—	—	—	28,5	0,5	22,2	0,7	3,0	4,3	
— des fabriques de colle forte	35,0	16,0	49,0	1,5	0,1	0,2	22,0	1,0	15,0	1,2	5,3	3,5	
Coprolithes du sable vert	4,3	—	95,7	—	1,0	0,5	45,4	1,0	26,4	0,8	7,5	0,1	
Sulfate d'ammoniaque	4,0	—	—	20,0	—	—	0,5	—	—	58,0	3,0	1,4	
Nitrate de soude	2,6	—	—	15,5	—	35,0	0,2	—	—	0,7	1,5	1,7	
Poussière et déchets de laine	10,0	56,0	34,0	5,2	0,3	0,1	1,4	0,3	1,3	0,5	29,0	0,2	
Tourteaux de colle forte	6,5	47,0	46,5	3,1	—	—	20,5	2,4	3,0	—	8,0	—	
Déchets d'huile de poisson	2,30	68,4	8,6	5,7	—	—	3,0	0,2	2,3	—	3,0	—	
Résidus de la fabrication du ferro-cyanate de potasse	—	11,0	89,0	1,0	11,5	0,5	18,1	1,2	5,6	4,0	22,0	1,0	
Sel pour bestiaux	5,0	—	95,0	—	—	44,3	1,2	0,2	—	1,4	2,0	48,2	
Gypse	20,0	—	80,0	—	—	—	31,0	0,1	—	44,0	4,0	—	
Sulfate de chaux des soudières.(Soda-Gypse)	9,0	4,0	87,0	—	—	2,2	34,5	—	0,1	41,3	4,0	—	
Chaux d'épuration du gaz	7,0	1,3	91,7	0,4	0,2	—	64,5	1,5	—	12,5	3,0	—	
Boues de défécation	34,5	24,5	41,0	1,2	0,2	0,6	20,7	0,3	1,5	0,3	9,1	0,1	
Vinasse de betterave, calcinée	17,7	9,2	73,1	—	38,0	4,0	2,1	0,4	0,3	1,3	6,7	4,5	
Cendres de bois, lessivées	20,0	5,0	75,0	—	2,5	1,3	24,5	2,5	6,0	0,3	20,0	—	
Suie de la combustion du bois	5,0	71,8	23,2	1,3	2,4	0,5	10,0	1,5	0,4	0,3	4,0	—	
Suie de la houille	5,0	70,2	24,8	2,5	0,1	—	4,0	1,5	—	1,7	16,0	—	
Cendres de bois feuillu	5,0	5,0	90,0	—	10,0	2,5	30,0	5,0	6,5	1,6	18,0	0,3	
— de bois résineux	5,0	5,0	90,0	—	6,0	2,0	35,0	6,0	4,5	1,6	18,0	0,3	
— de tourbe	5,0	—	95,0	—	1,5	0,8	?	1,5	0,6	1,3	?	0,2	
— de lignite	5,0	—	95.0	—	0,5	0,4	?	3,2	0,2	8,5	?	—	
— de houille	5,0	5,0	90,0	—	0,1	0,1	?	3,0	0,1	5,0	?	—	

DÉSIGNATION DES ENGRAIS.	Eau.	Substance organique.	Cendres.	Azote.	Potasse.	Soude.	Chaux.	Magnésie.	Acide phosphorique.	Acide sulfurique.	Silice et sable.	Chlore et fluor.	OBSERVATIONS.
III. — Superphosphates.													
Guano du Pérou	16,0	41,9	42,1	10,5	2,0	1,2	9,5	1,0	10,5	15,0	1,5	1,1	Dans les superphosphates, on a calculé comme teneur moyenne, 1 kil. d'acide phosphorique soluble pour 1k,5 d'acide sulfurique anhydre ; on n'aura donc qu'à diviser par 1,5 la quantité indiquée d'acide sulfurique, pour obtenir la teneur, à peu près garantie, en acide phosphorique soluble ; le reste est de l'acide phosphorique insoluble.
Backer-Guano	15,0	6,2	78,8	0,3	0,1	0,8	25,9	0,9	21,8	28,5	0,9	0,2	
Apatite d'Estramadure	15,0	—	85,0	—	0,4	0,2	28,2	0,1	22,1	28,5	5,3	0,9	
Phosphate Sombrero	15,0	—	85,0	—	—	0,5	26,4	0,4	20,2	25,5	0,6	0,4	
Phosphate de Navassa	15,0	2,5	82,5	—	—	?	17,0	0,3	15,4	19,5	2,3	?	
Phosphorite de Nassau, riche	15,0	—	85,0	—	0,5	0,2	26,5	0,1	19,4	25,5	3,2	1,8	
— moyenne	12,0	—	88,0	—	0,3	0,1	24,2	0,1	16,6	19,5	13,5	1,3	
Charbon d'os	15,0	8,0	77,0	0,3	—	0,1	25,0	0,7	16,2	21,0	9,3	—	
Poudre d'os	13,0	23,8	63,2	2,6	0,1	0,2	22,4	0,7	16,6	19,5	2,5	0,2	
Phospho-guano	15,5	1,3	80,3	3,3	0,3	0,4	24,0	—	20,5	27,8	3,0	0,9	

IV. — Sels de potasse et de magnésie de Stassfurt.

au 100e.

DÉSIGNATION DES ENGRAIS.	Potasse garantie.	Sulfate de potasse.	Chlorure de potassium.	Sulfate de magnésie.	Chlorure de sodium.	OBSERVATIONS.
1. Sulfate de potasse brut	10,12	18,25	—	15,25	35,55	La composition des engrais salins de Stassfurt est donnée d'après les indications directes des fabricants. La teneur en potasse est toujours garantie, et pour quelques-uns de ces engrais on garantit encore la teneur en sulfate de magnésie. Les engrais du nº 1 au nº 7 et l'engrais nº 6 renferment tous du chlorure de magnésium et de la magnésie caustique, quelques-uns en contiennent de 3 à 6 %; en outre, le nº 8 renferme de 5 à 15 % de sulfate de soude ; le nº 11 contient 10 à 20 % et le nº 12 35 à 40 % de sulfate de chaux.
2. Engrais de potasse concentré	25,26	22,26	19,22	15,20	20,35	
3. — triplement concentré	30,34	—	48,55	5,10	30,50	
4. — quadruplement concentré	38,42	—	60,67	—	30,40	
5. — quintuplement concentré	50,55	—	80,85	—	10,20	
6. Sel à répandre sur les fumiers	6,7	10,12	—	15,20	60,70	
7. Sel préparé pour bestiaux	5,6	8,10	—	8,10	75,80	
8. Sulfate de potasse I.	49,51	90,95	—	—	1,4	
— II.	38,44	70,75	—	5,10	2,8	
— III.	30,33	55,60	—	?	?	
9. Sulfate de potasse et de magnésie brut	16,19	30,35	—	25,30	25,40	
10. Sulfate de potasse et de magnésie	28,30	52,57	—	32,39	2,6	
11. Sulfate de magnésie brut	0,6	—	0,10	45,50	15,20	
—	—	—	—	70,80	5,6	
12. Sulfate de chaux et de magnésie potassé	4,5	6,8	—	35,45	—	

Le tableau de la composition moyenne des engrais que j'ai cru utile de joindre à cette étude est emprunté au livre de M. Wolf, directeur de la station agronomique de Hohenheim (*Practische Düngerlehre*). Les nombres qu'il renferme ne doivent pas être considérés comme ayant une valeur absolue et ne dispensent pas l'agriculteur de soumettre à l'analyse les engrais qu'il achète, mais ils lui permettent de calculer approximativement la valeur des principaux engrais industriels, en partant des données précédemment indiquées et de la comparer aux prix courants des matières offertes à l'agriculture par l'industrie.

Si l'on applique au fumier de ferme les prix relatifs que j'ai admis plus haut pour l'azote, l'acide phosphorique et la potasse, on se convainc aisément de l'intérêt économique qu'il y a à employer le fumier et de l'importance qu'on doit attacher à sa production et à sa bonne utilisation. On voit en effet que 1,000 kilogr. de fumier frais (page 74) contiennent :

	kil.
Azote	4,5
Acide phosphorique	2,1
Potasse	5,2

En attribuant à ces trois principes fertilisants la valeur en argent la plus basse qu'on leur puisse donner, soit 2 fr. 50 c. le kilogr. d'azote, 0 fr. 80 c. le kilogr. d'acide phosphorique, 0 fr. 70 c. le kilogr. de potasse, on constate aisément que la tonne de fumier représente une quantité d'azote, d'acide phosphorique et de potasse que l'on ne peut se procurer dans le commerce à un prix inférieur à 16 fr. 50. En effet :

kil.		
4,5	d'azote à 2 fr. 50 c., valent	11f25c
2,1	d'acide phosphorique à 0 fr. 80 c., valent	1 68
5,2	de potasse à 0 fr. 70 c., valent	4 63
	TOTAL	16f57c

De telle sorte qu'en comptant pour rien tous les autres

éléments que le fumier apporte au sol, en négligeant la valeur que lui donne la matière organique qu'il renferme, l'action physique si utile résultant de son incorporation à la terre, le fumier est encore l'engrais qui fournit au moindre prix les trois principes fertilisants par excellence, son prix vénal dans notre région n'atteignant guère que la moitié de la valeur que lui assigne sa composition, soit 8 fr. les 1,000 kilogr. environ.

A elle seule, cette considération devrait suffire pour engager les cultivateurs à redoubler de soins dans la production, la récolte et l'entretien du fumier de ferme. Toutes les matières fertilisantes qu'ils recueillent dans l'étable et dans l'écurie, toutes les quantités de fumier à la déperdition desquelles ils peuvent si facilement s'opposer, constituent autant d'économies à réaliser sur l'achat des engrais nécessaires pour entretenir et augmenter la fertilité de leurs terres.

(*Station agronomique de l'Est*, juillet 1873.)

Nancy, imp. Berger-Levrault et Cie.

USINES ET DÉPOTS

DONT LES PRODUITS SONT PLACÉS SOUS LE CONTROLE DE LA STATION AGRONOMIQUE DE L'EST

Fabrique d'engrais de M. Xardel à Malzéville (près Nancy).

Usine à gaz de Nancy.

Patent-Kali du Dr A. Frank, à Stassfurt (Agence générale pour la France, à Strasbourg, quai Saint-Thomas, n° 5).

Lawes Chemical Manure Company (Usines à Deptfort et Barking, en Angleterre). Agence générale pour la France, Wilson et Cie, à Nantes.

Nancy, imp. Berger-Levrault et Cie.

www.ingramcontent.com/pod-product-compliance
Ingram Content Group UK Ltd.
Pitfield, Milton Keynes, MK11 3LW, UK
UKHW020204200726
13856UKWH00003B/1191

9 782011 775672